高等农林教育"十三五"规划教材

 普通高等教育"十一五"国家级规划教材

 面向 21 世纪课程教材
Textbook Series for 21st Century

园艺植物育种学实验指导

第 3 版

申书兴　主编

中国农业大学出版社
·北京·

内 容 简 介

本书由 16 所院校教师结合自身教学、科研和生产实践编写而成。全书分为 3 部分,共 41 个实验。其中基础性实验部分涉及园艺植物种质资源调查和性状鉴定,种和品种的识别,开花习性调查与花粉生活力测定,芽变鉴定,自交不亲和性的测定与鉴定,雄性不育材料的鉴定和选择,有性杂交技术,配合力测定分析,化学杀雄技术,雌性系化学诱雄技术,苗木与种子鉴定、检验方法,加代繁育技术等方面 15 个实验;综合性设计性实验部分涉及园艺植物人工诱变技术,对生物胁迫和非生物胁迫抗性鉴定方法,育种计划的制订,品种比较试验设计与数据处理等方面 17 个实验;新技术性实验部分涉及小孢子培养技术,幼胚挽救技术,组织培养获得突变体技术,转基因技术,分子标记辅助选择技术,组培脱毒技术,利用分子标记鉴定种子纯度技术,基因编辑技术,VIGS 体系构建与功能分析等方面 9 个实验。

本书为园艺专业本科生教材,也是研究生和从事园艺植物育种工作者的重要参考书。

图书在版编目(CIP)数据

园艺植物育种学实验指导/申书兴主编. —3 版. —北京:中国农业大学出版社,2018.7(2020.12 重印)

ISBN 978-7-5655-2065-5

Ⅰ.①园… Ⅱ.①申… Ⅲ.①园艺作物-植物育种-实验 Ⅳ.①S603-33

中国版本图书馆 CIP 数据核字(2018)第 169387 号

书 名	园艺植物育种学实验指导(第 3 版)	
作 者	申书兴 主编	
策划编辑	张秀环	责任编辑 张秀环
封面设计	郑 川	
出版发行	中国农业大学出版社	
社 址	北京市海淀区圆明园西路 2 号	邮政编码 100193
电 话	发行部 010-62818525,8625	读者服务部 010-62732336
	编辑部 010-62732617,2618	出 版 部 010-62733440
网 址	http://www.caupress.cn	E-mail cbsszs@cau.edu.cn
经 销	新华书店	
印 刷	北京时代华都印刷有限公司	
版 次	2018 年 7 月第 3 版 2020 年 12 月第 2 次印刷	
规 格	787×980 16 开本 12.75 印张 236 千字	
定 价	28.00 元	

图书如有质量问题本社发行部负责调换

第3版编委会名单

主　编　申书兴

副主编　巩振辉　陈雪平

编　者　（按姓氏拼音排序）

陈雪平（河北农业大学）

巩振辉（西北农林科技大学）

谷建田（北京农学院）

郝丽珍（内蒙古农业大学）

胡仲远（浙江大学）

刘群龙（山西农业大学）

吕英民（北京林业大学）

罗双霞（河北农业大学）

申书兴（河北农业大学）

司　军（西南大学）

宋健坤（青岛农业大学）

谭　彬（河南农业大学）

汪国平（华南农业大学）

王建军（南京农业大学）

杨景华（浙江大学）

张　菊（周口师范学院）

张明方（浙江大学）

张学英（河北农业大学）

张志东（吉林农业大学）

赵　飞（山东农业大学）

朱立新（中国农业大学）

第2版编委会名单

主　编　申书兴

副主编　巩振辉　叶志彪

编　者　（按姓氏拼音排序）
陈雪平（河北农业大学）
陈延惠（河南农业大学）
巩振辉（西北农林科技大学）
郝丽珍（内蒙古农业大学）
刘群龙（山西农业大学）
吕英民（北京林业大学）
申书兴（河北农业大学）
司　军（西南大学）
宋健坤（山东农业大学）
汪国平（华南农业大学）
王建军（南京农业大学）
叶志彪（华中农业大学）
张明方（浙江大学）
张喜春（北京农学院）
张学英（河北农业大学）
张彦萍（河北工程大学）
张余洋（华中农业大学）
张志东（吉林农业大学）
赵　飞（山东农业大学）
朱立新（中国农业大学）

主　审　曹家树（浙江大学）

第1版编委会名单

主　编　申书兴

副主编　孙中海　巩振辉

编　者　（按姓氏拼音排序）

陈雪平（河北农业大学）

陈延惠（河南农业大学）

巩振辉（西北农林科技大学）

高遐红（北京农学院）

李成琼（西南农业大学）

刘成明（华南农业大学）

刘青林（中国农业大学）

刘群龙（山西农业大学）

申书兴（河北农业大学）

孙中海（华中农业大学）

张明方（浙江大学）

张学英（河北农业大学）

张志东（吉林农业大学）

赵　飞（山东农业大学）

朱立新（中国农业大学）

主　审　曹家树（浙江大学）

第3版前言

作为与《园艺植物育种学》配套的实验教材,为适应高等农业院校园艺本科专业教育教学改革不断深化的要求,本书先后于 2002 年、2011 年完成了初版和再版工作,第一版曾被教育部批准为面向 21 世纪课程教材,第 2 版又被教育部批准为"普通高等教育'十一五'国家级规划教材"。园艺植物育种学实验是引导学生将园艺植物育种学涵盖的基础理论与技术方法付诸实践,达到融会贯通的重要环节。适应科学、教育与社会不断发展的要求,追踪学科发展前沿,丰富和改革实验教学内容,对提高学生的实践能力、培养学生的创新意识和综合素质意义深远。

本次修订在保持前两版教材基本内容的基础上,继续沿用了第 2 版按基础性实验、综合性设计性实验和新技术性实验三大部分组成的基本框架,以及力求遵循科学性、针对性、适度性、实用性及理论和实践相结合,方法步骤明确具体的编写风格。在内容上融入了注重学生知识面拓展和学科前沿教育的新元素,引入了本学科及相关领域的新知识、新成果。本书除了对原有实验项目进行了内容的修改、增补和更新外,还进行了实验项目的增删:一是考虑产业链延伸和提高育种实践效率,在第一部分的基础性实验中增加了实验项目"蔬菜快速加代繁殖技术"。二是考虑抗逆育种研究的完整性,在第二部分综合设计性实验中增加了实验项目"园艺植物品种耐涝性比较试验"。三是考虑最近出现的新技术、新成果,对第三部分进行了大的调整,删减了第二版中的 7 个实验项目,基于技术成果的新颖性和成熟性,重新撰写了转基因技术、种子纯度分子标记检测技术涉及的 2 个实验;将第 2 版中的分子标记(ALFP 和 SSR)分析技术,更新为基于 KASP 检测的 SNP 分析技术;新增了"园艺植物离体快繁与茎尖培养脱毒技术""园艺植物的基因编辑技术"和"园艺植物 VIGS 体系构建与功能分析"。

从实验项目的数量和内容上看,本书不仅可作为本科生的实验教材,还可作为研究生和育种工作者的重要参考书。各院校可根据本校实际条件,采取"必做"与"选做"相结合的方式合理安排实验。

本书在编写过程中参考了国内外有关教材、著作和期刊文献资料,结合了编写人员多年的教学和科研经验,是集体智慧汇聚的成果。但由于涉及作物种类多、相关学科多和知识更新快,以及我们的水平所限,书中定有不妥之处,敬请专家和广大读者批评指正,以便再版时修改。

编 者

2018 年 3 月

第 2 版前言

《园艺植物育种学实验指导》第 1 版是为适应我国本科专业调整后的园艺专业要求编写的,是同《园艺植物育种学》配套的教材,曾被教育部批准为面向 21 世纪课程教材。本次修订出版,又被教育部批准为"普通高等教育'十一五'国家级规划教材"。园艺植物育种学实验是掌握园艺植物育种的基本原理、基本知识和基本技能的重要环节。改革和加强实验和实践教学,对培养学生创新精神、实践能力有至关重要的作用。

本次修订在保持原教材基本内容的基础上,按基础性实验、综合性设计性实验、新技术性实验三部分,对实验项目重新进行了归类,同时增加了综合性设计性实验和新技术性实验,目的是在提高学生实验操作技能的基础上,重点培养学生综合运用知识分析问题和解决问题的能力及创新能力。在编写上力求遵循科学性、针对性、适度性、实用性及理论和实践相结合,方法步骤明确具体。

该教材实验项目较多,既是实验教材,又是研究生和从事育种工作者的重要参考书。各院校可根据本校实际条件,进行合理的实验安排,选择其中部分实验为必做内容,其他实验供学生选做。

本书是在参考其他育种学实验指导以及国内外文献资料基础上,结合编写人员多年的教学和科研经验编写的,是集体智慧的结晶。尽管我们编写人员共同努力,期望编写一部好教材,但由于涉及果树、蔬菜、花卉三类作物,又涉及生物技术等多学科知识,加之我们水平所限,书中定有不妥之处,恳切期望使用本教材的师生和读者不吝赐教,提出宝贵意见。

编　者

2010 年 9 月

第1版前言

《园艺植物育种学实验指导》是为适应调整后的园艺专业要求编写的,是同《园艺植物育种学》配套的教材。园艺植物育种学实验是学好和掌握园艺植物育种的基本原理、基本知识和基本操作技能的重要环节。改革和加强实验和实践教学,对培养学生创新精神、动手能力有至关重要的作用。

该教材将果树、蔬菜、花卉育种方面的实验内容进行了高度整合,压缩了简单验证性实验内容,增加了新技术性及设计性实验。基础型实验以加强学生对园艺植物育种的基本方法和技术的系统训练为主,以加深对《园艺植物育种学》基本原理和基本知识的理解。新技术性实验主要包括在育种中应用的生物技术;设计性实验主要包括运用所学的育种原理和技术,进行主要物种的育种计划制订等。该两类实验具有先进性、启发性和思考性,有利于学生对本门课程教学内容的全面了解和掌握,有利于增强学生分析和解决问题的能力以及创新精神的培养,有利于学生掌握先进的育种技术。

实验内容和结构安排,既面向 21 世纪,又考虑了目前我国各农业高校的现状与实际。该书是有关教师结合多年从事教学的经验与科研成果精心编写的。各院校可根据本校实际条件,进行合理的实验安排,选择其中部分实验为必做内容,其他实验供学生选做,以培养学生个人兴趣和能力的发展。该书也是硕士研究生和从事育种工作者的重要参考书。

由于该书是由果树、蔬菜、花卉三门育种实验整合而成,又涉及生物技术等多学科知识,加之我们编写人员水平所限,书中定有不当之处,恳请使用本教材的师生和读者提出宝贵意见,以便修订。

编 者
2002 年 4 月于保定

目　　录

第一部分　基础性实验

实验1　园艺植物种质资源调查和性状鉴定

一、实验目的

了解园艺植物种质资源调查中记载项目和标准的制定方法,学习制定调查记载表;了解种质资源调查常用器具的使用方法,掌握园艺植物种质资源调查的基本程序和方法;了解园艺植物性状鉴定的内容及方法,掌握植物学、生物学及品质性状鉴定的常用方法;深入理解种质资源调查工作对栽培、育种和科学研究的意义。

二、实验原理

园艺植物种质资源是园艺植物品种选育工作中利用的原始材料,资源的数量和质量以及对它们研究的深度和广度,与生产利用和育种进展及其成效有密切关系。通过对园艺植物种质资源的调查工作,可以从现有的资源中发掘优良的地方品种、类型以及野生种质资源,为生产提供有直接经济价值的品种或砧木,或为品种或砧木的选育等提供有价值的原始材料,或直接作为食品工业的原料而加以利用。

要做到对原始材料的正确合理利用,就必须对所调查的种质资源进行全面的相关鉴定和研究,做出科学的评价。为了正确地进行鉴定,必须选择生态条件有代表性的典型农业区,进行形态特征、生物学特性和品质性状鉴定,也可以在某些不良条件下,对某一性状进行鉴定。

在进行种质资源调查工作前,必须制定调查记载的项目和标准,确定记载的内容,以提高工作效率。园艺植物种质资源调查记载的项目应抓住种质材料的主要特征、特性及经济性状;记载的标准要从实际出发,力求科学化、规范化和简洁化,便于掌握。另外,由于园艺植物种类繁多、品种数量巨大,不同种类间或品种间性状差异较大,对同一种类因调查目的和规模不同,记载项目和标准也不同,因此,应根据种质材料的种类、品种、特点及调查目的等不同而记载的内容有所不同。

三、材料及用具

(一)材料

结合当地实际情况,选择当地有代表性的一种或几种园艺植物开展资源调查工作。

(二)用具

GPS定位仪、海拔仪、指南针、照相机、望远镜、放大镜、天平、土壤速测箱、标本夹、吸水纸、采集箱(袋)、修枝剪、刀具、记号笔、钢笔、铅笔、直尺、塑料袋、种子袋、资料袋、绘图纸、标签、调查记载表和记录本等。

四、实验内容

(一)种质资源调查

对园艺植物种质资源的调查,主要包括种质材料的种类、品种、野生资源及近缘野生资源,要特别重视对地方品种及珍贵稀有"濒危"材料,以及新育成材料的调查。

(二)性状鉴定

性状鉴定是对园艺植物种质材料做出科学评价的研究手段,是用植物学、生物化学、生理学、病理学、昆虫学、遗传学和细胞学等学科的理论和检测方法,确定种质材料的植物学性状、生物学特性、品质性状、抗性,以及种质材料的分类地位和种质材料间的亲缘关系。植物学性状主要包括植株形态特征的描述、生态特征的观察比较以及形状指数的计算和分析;生物学特性主要包括种质材料生长发育规律、生育周期及其对温度、光照、水分及矿质营养等的要求;品质性状包括产品外观、质地、营养、风味等;抗性包括对不良环境条件和病虫害的抗性。最后汇总、整理各方面的鉴定结果,做出综合评价,为种质材料的合理利用提供科学依据。

五、方法和步骤

园艺植物种质资源调查及性状鉴定的工作进程分为准备、调查鉴定和总结三个阶段。

（一）准备阶段

资源调查工作通常是多学科的，要求有很好的计划，适当的准备，并有一定数量的经费。

1. 成立调查小组

将参加调查的同学划分为若干小组，全组分工协作。每小组的人数，应根据调查对象、活动范围而定，规模较大的综合调查，人员可多些，每组 7～10 人为好；规模较小的调查，每组 3～4 人为宜。每小组应包括有关教师和地方有经验的技术人员。

2. 查阅并收集调查地区的有关资料，制订调查计划

应收集调查地区的参考资料包括：地方志、社会情况资料（社会结构、自然村落、民族分布，以及各民族的生产和生活习惯、经济状况、社会变迁等）、农业资料（农业发展史、耕地面积、作物种类、栽培技术、主要病虫害等）、自然地理资料（地形、地质、土壤、水文及植被等）、气象资料（温度、湿度、雨量、光照等）、图纸资料（地形图、土壤图、农业区划图以及其他专业图纸资料等）及其他相关资料。

调查计划包括调查题目，调查目的、要求和任务，调查内容、时间、地点、方法、路线、物资设备、经费及其详细开支，参加人员及其具体分工等。其中调查目的极为重要，没有明确的调查目的，不可能得到好的效果。

3. 制定种质资源调查记载项目和标准

要参考有关书籍和资料，如植物志、植物图鉴、栽培学、育种学、种质资源学、贮藏与加工学、商品学以及相关的资源调查报告和标本等，根据被调查种质材料的特点，各小组进行认真分析和讨论后，确定记载项目和记载标准，参考表 1 设计并事先印好调查记载表。调查记载表项目包括：调查时间、地点、调查人员、品种（或种）名称和当地名称、标本号、成熟日期等。还可根据调查的目的要求，增加生态因素资料、品种类型、栽培要点、果实特征、取样来源（大田、集市等）、取样方法、野生种的生境、抗逆性、抗病虫性、利用情况、海拔、地形、土壤类型、pH 等项目。

4. 确定调查时间

由于各地园艺植物种类及品种的生长季节不同，故同一地区种质资源调查的时间，原则上一年内分几个关键期进行。

表1 果树种质资源调查记载表

编号：_____

名称：_____，当地名称：_____，来源：_____

类型：野生、杂种、育种系、育种群体、原始栽培品种或地方品系、现代品种、其他

一、概况

1. 调查地点：_____省_____市_____县_____乡_____村

2. 自然条件

   (1)地形：山地、丘陵、平地、冲积地、河滩

   (2)土壤：土质_____，pH _____，地下水位_____

   (3)坐标：经度_____，纬度_____

   (4)海拔：_____ m

   (5)植被：_____

   (6)气候：年平均气温_____℃；最高_____月，平均_____℃；最低_____月，平均_____℃
      年平均降雨量____mm；最多____月，平均____mm；最少____月，平均____mm

3. 栽培或野生历史：_____

4. 分布情况：面积_____hm²，或株数_____，集中产区_____，特点_____

5. 栽培或引种改良情况：_____

6. 利用情况：_____

7. 适应性：_____

8. 抗性：抗寒、抗旱、抗涝、抗热、抗病、抗虫_____

二、植株性状(代表植株)

1. 树龄_____，树形_____，树高：_____m；树冠东西_____m，南北_____m

2. 树势：强、中、弱

3. 树姿：下垂、平展、开张、半开张、直立

4. 干高_____cm，干周(离地面20 cm处的树干周长)：_____cm

5. 物候期：叶芽膨大_____，叶芽开放_____，展叶_____，枝条生长_____，大量落叶_____，完全落叶_____

6. 开花期：始花期_____，盛花初期_____，盛花中期_____，盛花末期_____，盛花持续期_____

7. 新梢生长量：_____，萌芽率：_____，成枝力：_____，多年生枝及一年生枝的形态：_____

8. 枝条特征：_____

9. 叶片特征：_____

10. 花特征：_____

三、果实性状

1. 大小：纵径_____cm，横径_____cm，重量_____g，果形_____

2. 果皮色泽:指果实着色程度,果皮颜色,以及色泽是否鲜艳悦目等

3. 果面光滑度:指果实表面是否光洁等

4. 果实整齐度:指果实个体之间的形状、大小、色泽等的一致性

5. 果肉色泽_____,肉质粗细_____,汁液多少_____,香气有无_____,苦涩异味_____

6. 可溶性固形物_____%,可溶性糖_____%,可滴定酸_____%

7. 风味:很差、差、一般、好、很好

8. 品质优劣(五级评分):下、中下、中、中上、上

9. 种子:每果数目_____,形状_____,大小_____,色泽_____,重量_____,成熟期_____

10. 采收期:极早、早、中、晚、极晚,具体时期_____

11. 果实利用情况:鲜食、药用、加工、采种、其他

12. 耐储性:良、中、差

13. 运输性:良、中、差

14. 综合评价:优、良、中、尚可、差

15. 推荐用途:家庭品种、商业品种、鲜食品种、加工品种、调味料用、观赏、其他

四、特点及评价

1. 明显特征:_____

2. 特殊性状:_____

3. 主要优点:_____

4. 主要缺点:_____

5. 保存和利用价值:_____

调查人:_____

调查日期:_____年_____月_____日

5. 准备用具、用品和交通工具

按本实验材料和用具部分的内容准备有关用具。确定并准备好调查所需的交通工具。另外,还应当准备调查时所需的各种生活用品、药品等。

6. 进行试点调查并办理必要的手续

在开展调查之前,各小组可选择有代表性的地点和植株进行试点调查,以熟悉调查方法,统一调查标准,并对调查计划和准备工作进行必要的补充和完善。如果野生资源调查的区域涉及国家和地方植物自然保护区,还应当在有关部门办理允许考察和采集样品的相关手续。

(二)调查及性状鉴定阶段

实施种质资源调查和性状鉴定活动,主要包括以下内容。

1.调查地基本情况了解

主要依靠调查地区的领导和群众,请当地有关同志介绍当地社会经济情况和自然条件,以及农业生产概况等。

2.资源基本情况了解

主要通过召开座谈会或个别走访,了解被调查种质材料在当地的生产情况,如种类、品种、来源、主要特性、分布、面积、栽培及食用历史、利用方式、适应性、抗性、管理措施、栽培比重、群众评价及存在问题等。对野生资源还应了解其经济利用价值。

3.资源形态性状鉴定

在种质材料各主要生育阶段,选择有代表性的植株,通过对其植株及各器官的形状、大小、色泽等形态特征的描述、比较和分析,确定其植物学分类地位。记载项目因园艺植物种类、食用器官及利用目的不同而异。

4.生物学特性鉴定

采用自然环境或人工控制环境,确定种质材料的环境条件、物候期和生长发育习性,通过分析三者之间的关系,了解种质材料生长发育过程对环境条件的要求。记载的内容和项目包括环境条件记载,物候期记载以及生物学特性记载等。

5.产品器官品质性状鉴定

采用感官评定、理化测试等方法,对种质材料的产品外观、质地、风味、营养成分及其他品质性状进行客观评价。

外观品质鉴定主要是对产品器官的色泽、大小、形状及整齐度进行的鉴定。色泽可感观评述,如深绿、绿、浅绿、黄绿等,也可采用标准色比较法、分光光度法、色差计法等对色素的种类和含量进行定性、定量测定。大小主要用度量法。体积可用排水法测定。形状可感官评测,也可用比值法,如果形指数(果纵径/横径)、叶球形状指数(高度/宽度)、叶形指数(叶长/叶宽)等。整齐度可通过对产品大小、形状、色泽等性状的综合评价做出结论。

质地鉴定包括硬度、弹性、致密坚韧度、黏稠性、纤维粗细及脆嫩程度等。可采用硬度计或质地测定计,测定果肉的硬度、弹性、汁液黏稠性等。用切压测定计,测定切断叶片及叶柄时所用的力。

风味鉴定包括汁液多少,糖酸含量和比率,以及单宁、苦味及芳香物质含量多少或有无等。风味鉴定常用品尝法,先按肉质、汁液、糖酸比例、气味(香味或异味等),分别评级或评价,最后综合评价,用优、良、中、差、劣5级文字进行描述。也可用氢氧化钠滴定法测定产品中可滴定酸的含量,用斐林试剂滴定法测蔗糖、还原糖及总糖的含量,用手持测糖仪或阿贝折射仪测可溶性固形物含量,用气、液相色谱仪和核磁共振仪对特殊挥发物进行分离、测定和鉴定。

营养品质鉴定包括对产品中的维生素、矿质元素、纤维素、蛋白质及碳水化合物等进行测定。多采用常规分析方法,如可用2,6-二氯靛酚钠滴定法测定维生素C含量,用凯氏定氮法测定N含量,用钼蓝比色法测定P含量,用原子吸收分光光度法测定K、Ca、Mg、Fe、Zn、Mn、Cu等矿质元素的含量,用氨基酸分析仪定性、定量测定各种氨基酸,用考马斯亮蓝G-250染色法测定可溶性蛋白质的含量,用蒽酮比色法测定可溶性碳水化合物的总量。

6.绘图或照相

对调查种质材料所处的地理环境、代表性植株、各器官等进行简单绘图或照相,并做好记录。

7.采集标本及繁殖材料

采集有代表性种质材料的根、茎、叶、花、果等标本,并适当保存。每个标本上要挂有标签,标签上注明标本号、品种名称、学名、中文名、采集地点、采集人、采集日期等。采集接穗、砧木、块茎、块根、球茎、球根、种子等繁殖材料,并采取临时保存措施,以保证其生活力。

8.细胞学鉴定

主要是染色体特征的鉴定,即核型鉴定。包括染色体数目、形态、染色体分带、染色体的分子特征等。

9.抗性鉴定

对所调查的种质资源进行必要的抗逆性和抗病虫性等抗性鉴定。可采用直接鉴定或间接鉴定的方法进行。

(三)总结阶段

1.整理调查资料

在调查时,应随时注意各项资料的整理,发现不足后,及时有目的地查找,加以补充。调查工作将要结束时,应及时将调查的种质材料进行分类、登记、安全保存其种子等繁殖材料和标本,整理调查记录及各类表格,使调查所获得的资料和种质材料系统化、完整化;将采集的标本进行分类、浸渍或压制保存,并再一次进行鉴定,确定它们在分类学中的地位,明确其利用价值;尽早完成产品器官的品质分析工作,并对所获得的数据进行整理和分析;将绘制的图表及拍摄的照片分类保存;对调查所用的仪器和工具进行检修、整理和保养等。

2.写出调查总结

调查结束后,应写出调查总结。总结应主要包括:调查的目的、要求、方法及进展情况,调查种质材料的生态环境及其在当地的生产情况,调查种质材料的详细说明等。总结内容应尽可能详细,图、表、标本等资料尽量丰富,以使以后的调查者和进一步深入调查打下基础。

六、实验结果分析

各小组对调查和鉴定结果的各种资料正确性和可靠性进行客观分析,认真讨论,分析存在的问题并提出解决方法。

各小组要分析所调查种质材料的特征特性,在分类学上的地位和在生产、育种及其他科学上的应用价值,并对调查种质材料在当地的发展区划,优良品种和优良种质的选择、保存、利用等提出建议。最后,每个小组完成资源调查及性状鉴定报告。

七、思考题

1.为什么要进行园艺植物种质资源调查及性状鉴定工作？根据当地实际情况,任选一种园艺植物,制订一份资源调查计划。

2.以一种园艺植物为例,试确定其种质资源调查记载项目和标准,并设计调查记载表。

3.种质资源调查时,常用的性状鉴定方法有哪些？

(编者:刘群龙)

实验2 园艺植物种和品种的识别

一、实验目的

通过比较园艺植物种和品种间差异,学会如何描述和鉴定种、品种的性状,初步掌握识别种、品种的方法,认识一些园艺植物主要的种、品种。

二、实验原理

开展育种工作,首先要识别各种原始材料,这是育种工作者必须具备的基本技能。识别种和品种的特征不仅能判断其优劣,掌握选择标准,还可以通过各性状的研究了解品种间的亲缘关系,为选配亲本提供依据。在良种繁育中,为了确定品种真实性和纯度,也需要熟悉各品种的性状特征。

园艺植物不同种、品种的基因型不同,其表现型也不同,每个种、品种至少有一个以上明显不同于其他种、品种的可辨认的标志性状,这些性状特征是识别种、品种的主要依据之一。

三、材料及用具

（一）材料

苹果、梨、桃、杏、李、葡萄、草莓、柑橘类、香蕉、菠萝、萝卜、白菜、甘蓝、黄瓜、茄子、辣椒、番茄、菊花、月季、玫瑰、牡丹、芍药、百合、杜鹃等品种资源。

（二）用具

钢卷尺、卡尺、电子天平、小刀、解剖针、解剖镜、放大镜、手持测糖仪、硬度计、标签、铅笔、记录纸、数码相机等。

四、实验内容

观察园艺植物的不同种和品种，描述其性状特征；识别主要园艺植物的种和品种。

五、方法与步骤

（一）园艺植物种的识别

全面观察下列园艺植物性状，对其性状特征得到总体印象，指出最能反映种间差异的性状，认识一些常见的园艺植物种类。

1. 植株的形态特征

植物生长习性，株高、株型，枝（茎）的颜色，皮孔的多少、大小和形状，节间长短，芽大小、形状和茸毛有无等。

2. 叶的形态特征

单叶或复叶，叶片形状、大小、颜色，叶缘、叶基、叶尖、叶脉、叶柄的形态特征，托叶的有无等。

3. 花及结果习性

（1）结果习性：第一个花（花序）出现节位，花（花序）间隔节数，花及果实着生位置、状态。

（2）花序：花序类型、长短、着生位置、茸毛有无等。

（3）花的结构：花的颜色、形状；花瓣、花萼的数量；雄蕊数目、位置，花药形状、着生位置、裂开情况，花丝的长短、分离或结合；雌蕊的形态，子房位置，心皮数目，花柱及柱头形态，胚珠数目，胎座类型等。

4. 果实

果实大小、形状、颜色，果梗的长短粗细以及附着部是否肥大，果顶形状，萼片脱落或宿存，萼洼特征，果皮的质地，果点的大小、疏密及形状，果皮有无光泽以及果粉、蜡质的有无等,果肉的色泽、质地、汁液的多少以及风味等。

5.种子

种子的数目、大小、形状和颜色等。

(二)园艺植物品种识别

1.观察、记录

3～5人为一组,每组学生以一种园艺植物的几个代表品种为材料,每个品种选出具有本品种典型性状的植株5株左右,对株型、枝、叶、芽、花、果实、种子等项目全面观察、记录。

2.找差异性状

从品种识别的角度出发,找出最能反映品种间差异的突出性状,作为识别品种的标志性状。

3.总结交流

各小组根据自己的观察记录,介绍所观察品种的主要性状,特别是突出性状,教师进行修正和补充,让学生达到识别品种的目的。

六、作业及思考题

(一)作业

1.根据观察记录结果,按枝(茎)、叶、芽、花、果实等性状比较下列园艺植物的主要区别:

(1)苹果和梨

(2)桃、杏和李

(3)柑和橘

(4)白菜和甘蓝

(5)茄子、辣椒和番茄

(6)月季和玫瑰

(7)牡丹和芍药

2.对所观察的每种园艺植物的品种列表比较。

(二)思考题

1.为什么根据园艺植物性状可以识别不同的种和品种?

2.你认为识别品种的难点是什么?

3.区分不同的种和品种还有哪些方法?

(编者:张学英)

实验3 园艺植物开花习性调查与花粉生活力测定

一、实验目的

通过桃开花习性的调查及花粉生活力的测定,了解园艺植物开花习性的主要特点,熟悉园艺植物开花习性调查的主要观察项目和观察方法,学会并掌握用形态法、染色法、发芽法测定花粉生活力的具体技术和方法。

二、实验原理

不同园艺植物因自身的发育特点不同其开花习性也不相同。此项调查可作为识别品种、制订杂交计划的主要依据。如桃的开花习性调查包括花芽类型、花期、花形、花性、萼筒、花瓣、花丝、花序等调查项目,一般条件下着重调查花芽形态与分布节位,花期的早晚,雌蕊、雄蕊的状态,花粉的有无与多少,花瓣的颜色、大小、形状、分布,萼筒的深浅、颜色等,同时还可根据花器特征来确定其传媒类型。

不同来源的花粉其生活力高低存在很大差异,花粉生活力的大小是保证杂交成功的关键。在有性杂交育种中,常因父母本花期不同,父本花粉必须经过贮藏直到母本植株开花时再用于授粉;或者双亲不在一个地方,必须由外地采回或邮寄花粉供应。经过贮藏或外地寄送的花粉是否已经丧失生活力,必须经过测定才能确定。

通常花粉的形态、花粉中酶的活性以及积累淀粉(淀粉质花粉)的多少与花粉生活力密切相关,因此可以利用花粉的形态观察,过氧化物酶、脱氢酶的活性高低,淀粉的含量以及在人工培养基上花粉管萌发的情况作为确定花粉生活力高低的标准。

三、材料及用具

(一)材料

选择桃品种中普通花形、铃形花形、完全花形、雌能花形的4类品种各一株作为观察材料。各组(4,5人)取3个不同品种桃的花粉各一份。

(二)用具

放大镜、枝剪、挂牌、纱布袋、标签、镊子、培养皿、千分尺、显微镜、粗天平、带盖瓷盘、玻璃铅笔、烧杯、棕色滴瓶、凹玻片、盖玻片、普通玻片、玻璃棒、酒精灯、支架、石棉网、干棉球、酒精棉球、量筒、纱布、大头针、冰箱、干燥器、电炉等。

(三)实验试剂

无水乙醇	琼脂
蔗糖	硼酸
灯用酒精	蒸馏水
碘	碘化钾
磷酸氢二钠	磷酸氢二钾
pH 试纸(5.0～9.0)	氯化三苯基四氮唑(TTC)
KNO_3	$Ca(NO_3)_2$
$MgSO_4$	

四、实验内容

(一)开花习性的观察

1.花芽类型

桃花芽的类型基本上可以分为复花芽和单花芽。

2.花期长短

一般情况下,桃要通过低温休眠以后,在15～20℃气温条件下,14～20 d 即可开花。但在不同地区、不同气候条件下,花期的早晚差异很大。此外,不同品种的始花期、盛花期、末花期及整个开花过程的长短也不相同,但一般在5～7 d。

3.花形

用于观赏的桃品种花形可分为铃形、单瓣形、梅花形、月季形、牡丹形和菊花形。用于果实生产的桃树品种,其花朵的形状可以分为以下两类。

(1)蔷薇形(大花型):即一般常见的桃花类。其花瓣宽大(一般长×宽为 2.0 cm×1.5 cm),淡粉红色,全瓣颜色基本一致,开放前呈覆瓦状紧闭,开放后全瓣平展,绝大多数的白桃品种和黄桃品种属于此类型。

(2)铃形(小花型):其花瓣比较短小,为大花型的 1/5 左右,花瓣边缘深红色,向里逐渐变为浅粉红色。花蕾早期先露出柱头,开花前伸出雄蕊或雌雄蕊同时于开花前露出。开花前花瓣直立相互包含,花蕾顶部呈一圆孔,露出花蕊。我国雪桃的个别花蕾也表现这种情况,展瓣后,全瓣呈铃形。这种类型的花容易早期授粉,无论作为杂交的父本或母本,都应早期进行套袋隔离,保持花粉或柱头不受非目的花粉的污染,并避免雌雄蕊遭受晚霜或天气骤然变冷引起冻害。

4.花性

据雌雄蕊的发育情况,可将桃树的花分为三种类型。

（1）两性花（完全花）：花中雌雄蕊发育均正常。一般情况下，雌蕊表面有茸毛，属毛桃类；雌蕊表面光滑，属油桃类。两性花中雄蕊的花药肥大，红褐色或淡褐色，少数品种的花药为深紫红色，能够产生正常的花粉。桃的绝大多数品种是完全花并能自花授粉。

（2）雄能花：部分品种如'六月白''砂子早生'的雄蕊发育不正常，表现为花丝细短，花药微小（为正常花丝和花药的 1/4 左右），颜色为粉红或淡白色，最后干缩无花粉散出，这种类型的花称为"雄性不育"型。但有些雄性不育的品种如'深州水蜜'的雄蕊外形上和两性花完全一样，表现形态正常，只是最后花药干缩无花粉散出。

（3）雌蕊退化花：部分品种单株上极少数花朵中没有子房或子房显著变小，花柱极短，失去正常的受精能力，或花蕾不能正常开放，或开放后只见正常雄蕊而无雌蕊。这种花开后脱落，不能结果。一般来讲，这种花的比例较小（一般不超过30％），所以对产量没有什么影响。

5. 花粉

花粉是植物自然授粉和人工杂交的主要物质基础。同样的两性花品种，花药中产生花粉的多少是不同的，有些很多（如'雨花露'、蟠桃等），有些中等（如'白凤''丰黄'等），有些则很少（如'南山甜桃'）。

6. 萼筒

桃花的花萼内壁即萼筒，其颜色在花朵初开时，有橙色、金黄、淡黄、黄绿色等深浅不同的颜色，它们和果肉的颜色有相关关系。橙黄色的萼筒多为黄肉桃品种，黄色到黄绿色的多为白肉桃品种，另外，黄桃萼筒的色层较厚，白桃萼筒的色层较薄。

7. 花瓣

桃花中除了碧桃等重瓣花型外，一般品种为 5 个花瓣，但也有 4 个或 6 个的，如'豫红'品种的六瓣花比率有时可达到 30％左右。

（二）花粉生活力的测定

取桃不同品种的花粉，利用形态观察、染色法及发芽法，测定花粉生活力大小。

五、方法与步骤

（一）桃开花习性的观察

（1）每组选定大花型、小花型、两性花、雄能花 4 种类型的品种各一株挂牌标记，分别在其花朵开放时，观察其花蕾（已充分膨大）和花朵的不同形态，加以记载，并分别绘出写生图，明显表示出花蕾、花朵、花萼、花瓣、雄蕊、雌蕊的形状及着生状态。要求每组采摘含苞待放的完全花和雄性不育类型花蕾100个，带回实验室，用镊子剥去花瓣，取下花药，分别放在两个培养皿中，标明品种、花性、采药日期、观察小组、观察人，详细观察它们的形态、大小和颜色，然后置于实验台上晾干，或置于阳光下，观察其散粉情况，并用放大镜仔细观察每个花药散粉的多少，再用显微镜观察花粉粒的形状并绘图。在摘取花药时，还要观察雌蕊和雄蕊的形状特征是否正常，比较二者之间各部分形态、颜色等方面的差异。

（2）每组在选定的完全花植株上进行开花物候期的观察。每组同学可轮流每天对植株进行观察，记载当天开放的花朵数以及天气和温度。

（3）在盛花期，从早上7:30到晚上6:30，每隔2 h观察一次开放的花朵数和温度，统计1 d内何时开花最多。

（二）花粉生活力的测定

鉴定花粉生活力的方法主要包括：一是将待测花粉直接授粉，最后计算结实数和结籽数；二是将花粉授到柱头上，隔一定时间切下柱头，在显微镜下观察花粉萌发情况，测定萌发率；三是形态观察；四是染色观察；五是在人工培养基上播种花粉，观察萌发率。以下主要介绍后三种花粉生活力测定的具体方法。

1. 形态观察法

一般把具有品种典型性的花粉（指具有该品种花粉粒的大小、形态和色泽等）作为具有生活力的花粉，把小型的、皱缩的、畸形的作为无生活力的花粉。

形态观察的具体方法：首先将花粉置于载玻片上，在显微镜下查看三个视野，要求被检查的花粉粒总数达100粒以上，计算正常花粉粒占总数的比率。此法简便易行但准确性差，通常只用于测定新鲜花粉的生活力。

2. 染色观察法

（1）碘-碘化钾染色法：先称取0.3 g碘和1.3 g碘化钾溶于100 mL的蒸馏水中，即成碘-碘化钾溶液。

取少量花粉振播到用棉球擦净的普通载玻片上，然后加水1滴，使花粉散开，再加1滴碘-碘化钾溶液，盖上盖玻片，置于显微镜下观察不同的三个视野，凡花粉粒被染成蓝色的表示具有生活力，呈黄褐色为缺少生活力的花粉。

（2）氯化三苯基四氮唑（TTC）法：凡具有生活力的花粉，在其呼吸作用过程中都有氧化还原作用，而无生活力的花粉则无此反应，因此当TTC渗入有生活力的花粉时，花粉的脱氢酶在催化去氢过程中与TTC结合，使无色的TTC变成TTF而呈红色。

磷酸盐缓冲液的配制：在100 mL的蒸馏水中溶解0.832 g的$Na_2HPO_4 \cdot 2H_2O$和0.273 g的KH_2PO_4，调整pH为7.17。

TTC溶液配制:取0.02～0.05 g的TTC溶解在10 mL磷酸盐缓冲液中,放于棕色瓶中,置于暗处。

取少量花粉于凹玻片的凹槽内或直接放于普通载玻片上,滴入0.5％TTC溶液1～2滴,用镊子搅拌均匀,盖上盖玻片,置于35～40℃条件下15～20 min,在显微镜下观察不同的三个视野,凡被染成红色的均为有生活力的花粉。

3.发芽实验法

此法受花粉萌发的培养基限制。若有适宜的培养基,能精确测定出具有生活力并能够萌发的花粉粒个数,还能看到花粉粒发芽的真实情况。

(1)悬滴液发芽法:把供试花粉播种在一定浓度的培养液液面上,使其花粉真实地发芽,以测定花粉生活力的高低。培养液一般采用蔗糖或葡萄糖溶液,浓度因物种而不同,差别很大,一般是桃10％,梨、苹果10％～15％,柑橘25％～30％。糖液浓度高低是为了调节培养基的渗透压,防止供试的花粉在溶液中发生破裂。适用于多数园艺植物花粉发芽的通用培养基配方如下:10％蔗糖溶液中添加100 mg/L H$_3$BO$_3$,300 mg/L Ca(NO$_3$)$_2$,200 mg/L MgSO$_4$,100 mg/L KNO$_3$,可配成母液,用时稀释,母液放在冰箱中保存。

具体操作方法:配制10％的蔗糖溶液,滴1滴于凹玻片上,取少量桃花粉置于滴液中,用大头针搅拌均匀,然后将凹玻片放在温度20～25℃、湿度70％～80％的瓷盘中,加盖。2 h后花粉即开始萌发,24 h后在显微镜下检查发芽花粉的百分率。生活力正常的桃花粉粒呈圆形,花粉管直线延伸,生活力差的花粉粒发芽后其花粉管弯曲,没有生活力的花粉粒不发芽。

不同物种的花粉发芽所需的时间不同,如牡丹的花粉用15％蔗糖溶液在室温条件下,1 h后开始发芽。

(2)培养基发芽法

①培养基的制备:在250 mL的烧杯中加入90 mL蒸馏水,再加入1 g琼脂,在酒精灯上加热,使之完全溶解,然后加入10 g蔗糖,制成10％的糖液(如有可能,可配制不同含糖量的培养基,进行比较试验)。注意用玻璃棒不断搅拌,使其融化均匀,有条件时还可加入微量柱头渗出液、维生素等以形成花粉粒发芽的最适环境条件。

需要注意的是:在熬制培养基时,应在烧杯上的液面处贴上一纸条或用玻璃铅笔沿液面划线标记。当液面在熬制过程中因水分蒸发下降时,应及时添加蒸馏水,以保持液面的稳定和培养基的标准浓度,并将熬制好的培养基溶液连烧杯放入盛有35℃热水的容器中,防止冷却凝固,以备随后使用。

②用品消毒:发芽实验时所用的载玻片、凹玻片、镊子等都要在消毒柜中消毒

或在100℃条件下煮沸20 min,冷却后取出用酒精棉球擦干放在大培养皿中备用,经过消毒的载玻片使用时要尽量减少和手指接触的面积,以减少污染。

③花粉的播种与检查:用玻璃棒蘸取培养基溶液,立即滴1滴于盖玻片的中央(直径1.5~2.0 mm),使成为一表面完整的球面(球面越薄越好,否则透光性差,影响在显微镜下观察),当凝固后再进行花粉的播种。

播花粉时,用经酒精消毒过的发丝蘸取花粉(若所用花粉为陈花粉或过于干燥的花粉时,可在播种前取出一部分在湿度大的培养皿中密闭15~30 min后再行播种),轻轻振动(风媒花)或涂抹(虫媒花)在培养基表面。一要注意发丝不能过重地接触培养基表面,避免破坏培养基的表面;二要注意花粉的分布要松散、均匀,不能密集成堆;三要注意适宜的播种数量。经验证明,花粉太稀或播种太稠均影响发芽,一般情况下,一个显微镜视野以分布20~50粒花粉粒为宜。播好后将盖玻片翻转,置于载玻片上的小玻璃环上,小玻璃环上下涂上凡士林,环内加1滴水用于保湿。

湿室密封后,应在载玻片上用玻璃铅笔标号,并进行记录,记录内容包括花粉种类、培养基的糖液浓度、采粉时间、播种时间、湿室中滴水的多少。然后全组集中放在一个大的瓷盘中,用纱布覆盖后加盖,放于15~25℃的温箱内24 h后进行检查。如果时间允许,最好于播后每隔2~3 h检查一次,直至花粉粒发芽数不再增加为止,记载花粉发芽数,以明确不同花粉的发芽速度和发芽进程。每片应观察三个视野,花粉粒数不少于100粒以上,计算发芽率。将花粉管长度已超过花粉粒直径二倍的看作发芽正常的花粉。

此法每人做3片,选发芽情况最好的1片进行发芽情况的检查。

六、实验结果分析

(1)绘制桃不同花型、花性的花蕾和花朵的形态特征图。

(2)设计"桃完全花和雄性不育品种花器外部形态比较表",并填写包括品种、花型、花瓣、花性、花丝、萼筒、花药、花粉等各观察结果。

(3)设计"开花物候期观察记载表",内容包括品种、露瓣期、始花期、盛花期、末花期及1 d内开花最多的时间和最早开花的部位。

(4)同一品种花粉用不同方法测定时其生活力高低的结果分析。

(5)不同品种花粉发芽率高低的结果分析。

(6)本实验关键性步骤总结及实验中所存在问题的讨论。

七、思考题

1. 园艺植物的开花习性调查包括哪些内容？

2. 为何要进行花粉生活力测定？快速测定花粉生活力的方法有哪些？

（编者：谭彬）

实验4 果树芽变鉴定

一、实验目的

了解果树芽变的基本规律和特点，初步掌握果树芽变鉴定的基本方法，为今后从事果树芽变选种奠定基础。

二、实验原理

芽变来源于体细胞的自然变异，变异的体细胞经过细胞分裂形成变异芽，最终在生产上表现出来。芽变选种是园艺植物育种的重要手段，芽变选种可以在保持原品种优良性状的基础上，只对个别性状进行修饰，是一种快速、有效的育种手段。特别是对无性繁殖的多年生果树，芽变选种占据非常重要的地位，生产上的很多优良果树品种都是通过芽变选种获得的。据统计，现有苹果品种中约有10％起源于芽变选种。

芽变鉴定是芽变选种的前提，生产上对芽变进行鉴定时要区分两种变异，一种是芽变，即体细胞遗传物质的变异；另外一种是饰变，即由环境条件变化引起的变异，是一种非遗传物质的变异。芽变产生的变异是稳定的，而饰变产生的变异是不稳定的。

果树芽变在生产上主要表现为质量性状变异和数量性状变异。质量性状变异生产上往往以芽变嵌合体的形式表现出来。目前，果树芽变鉴定的方法有很多，主要有田间调查与分析、形态学及解剖学观察、同工酶分析、染色体数量检测、孢粉学研究、生理生化分析、分子标记等。这些方法为果树芽变选种提供了强有力的手段。

三、材料及用具

（一）材料

选用苹果、柑橘或其他果树集中栽培的成年老果园进行芽变的田间调查；用苹果或柑橘多倍体芽变材料进行室内形态学和细胞学检测。

（二）工具

卡尺、钢卷尺、天平、折光仪、水果刀、枝剪、油漆、标签、采果袋、记载表、指甲油、显微镜、目镜测微尺、载玻片、盖玻片、镊子、细胞流式仪等。

四、实验内容

主要包括两部分：田间调查与分析；室内形态学和细胞学检测。

五、方法与步骤

（一）田间调查与分析

1.田间调查

选择多年生老果园，对园中的芽变进行实地调查，芽变调查要抓住最易发生芽变的有利时机进行，一般可在果实采收期和灾害发生期进行调查，这时芽变容易表现出来，便于观察。对初选的变异单系，做出明显的标志，并做好详细的性状调查记载，以苹果为例，见表4-1。果实应单采单放，并选好与之生长条件相同的对照树进行对比分析。

表 4-1 苹果芽变田间调查表

记录人：　　　　　　　　　　　　　　　　　　　　　　　　年　　月　　日

调查项目	记载内容
调查地点、时间：	
品种名称：	
植株编号：	
调查地自然条件：	
地形：	
土壤状况：	
海拔：	
植被：	

续表4-1

调查项目	记载内容

调查品种的正常表现：

　　树龄：　　　　　　　树势：　　　　树高(m)：　　　　树形：

　　枝条：　　　　　　　果实：　　　　叶片：　　　　　　干周：

砧木类型：

变异株的表现：

　　树形：　　　　　　　枝条：　　　　叶片：　　　　　　果实：

变异的主要器官：

变异的主要特征：

变异类型(劣变、优变)：

当地群众对变异的评价：

选种者的评价和利用意见：

2.芽变的分析

　　在田间发现的变异有可能是饰变,可以从以下几方面进行分析,排除部分饰变:①变异性状的性质,如果是质量性状即可断定为芽变而非饰变。②变异体的范围大小,变异体如果为多株变异,若立地条件不同时就可排除环境的影响,砧木不同可以排除砧木的影响,为扇形嵌合体则可肯定为芽变。③变异的方向,凡是饰变一般与环境条件的变化相一致,而芽变则否。如果实着色与光照条件密切相关,若在树冠下部及内部光照较差区域仍出现浓红型变异,则很有可能为芽变。④变异性状的稳定性,饰变是在特定环境条件下产生的,某一环境因素消失时,饰变也将消失,而芽变则否。连续观察突变性状与环境之间关系后就可得出正确结论。⑤变异性状的变异程度,环境条件造成的饰变,不会超出某一品种的基因型反应规范,超出即可能是芽变。

(二)室内形态学和细胞学检测

　　对倍性发生改变的多倍体芽变材料可以从以下两方面进行检测,一是气孔观察,多倍体芽变材料与正常植株相比,气孔大小会增大,气孔密度会变小;二是直接用细胞流式仪进行倍性检测。

1.气孔观察

　　取芽变材料叶片,用指甲油沿叶背主脉两侧5～10 mm部位均匀涂抹一薄层,5 min后用镊子撕下印迹薄层,直接用盖玻片压片后在显微镜下观测,用目镜测微尺测量气孔的大小,其中以保卫细胞的长度和横径作为气孔的长度和横径。气孔长度与宽度重复观察 5 次,每次观察 10 个气孔,平均值即为该植株气孔的长度与宽度;气孔密度(个/mm²)测定,观察每个视野中的气孔数目,重复观察 5 次,每次观察 3 个视野计数气孔数目,求其平均值,根据视野面积计算气孔密度。

2.细胞流式仪倍性检测

取芽变材料,以正常二倍体母本植株作对照,用细胞流式仪检测植株的倍性。具体方法为:取大约 0.5 cm² 的叶片或幼嫩的根、茎等组织材料于 55 mm 的小塑料皿里;加入 400 μL 细胞提取缓冲液(Partec HR-A);用剃须刀片切碎叶片放置 30 s,通过 20~50 μm 的微孔滤膜将样品过滤到 2.5 mL 小试管里;加入 1.6 mL DNA 染色液 HR-B,染色 30~60 s;上样检测。Partec 倍性分析仪测定样品中单个细胞核的 DNA 总量。DNA 含量的分布曲线由仪器自动生成。

六、实验结果分析

比较芽变材料与正常母本植株的气孔大小,将结果填入表 4-2 中,并进行方差分析,计算两者的差异显著性。

表 4-2　气孔大小比较

品种	气孔横径/μm	气孔纵径/μm	纵径/横径	气孔密度/(个/mm²)

七、作业及思考题

1.芽变鉴定的方法都有哪些? 如何灵活运用各种鉴定方法?

2.如何对芽变嵌合体进行纯化?

(编者:宋健坤)

实验5 园艺植物自交不亲和性的测定与鉴定

一、实验目的

通过本实验进一步加深对自交不亲和性及其在育种实践中应用的理解,掌握自交不亲和性测定的标准,学会利用花期自交和蕾期自交鉴定自交不亲和系的方法,学习用荧光显微镜鉴定自交不亲和性的技术。

二、实验原理

自交不亲和性在植物界是广泛存在的,在十字花科、蔷薇科、百合科、菊科、茄科、玄参科、虎耳草科等众多科中都有发现。其中,十字花科更为普遍。

(一)自交测定法的原理

自交不亲和性是受同一基因位点上的一系列复等位 S 基因所控制。如配子体型自交不亲和系的花粉和柱头具有相同的 S 基因,柱头就被激发产生胼胝质等物质,阻碍花粉发芽和花粉管发育,所以,自交时不能正常受精结实,不结籽或结籽很少。杂交时,父本花粉与母本柱头无相同 S 基因,柱头则不会产生这种物质,可以正常结实。但是,这种阻碍花粉萌发的胼胝质只在开花期的柱头上产生,如果蕾期自交或截断柱头后自交,则能够产生种子。而自交亲和的品系,无论是花期自交还是蕾期自交都是亲和的。自交不亲和性的测定就是分别进行花期自交和蕾期自交,最后计算亲和指数来判断亲和与否。

(二)荧光显微镜鉴定原理

胼胝质是 β-1,3 葡聚糖,通常分布于高等植物的筛管、新形成的细胞壁、花粉粒及花粉管里,将其用苯胺蓝染色后,在紫外光照射下可发出黄色至黄绿色的荧光。因此,将自交后的子房染色后在荧光显微镜下观察,借助荧光可清楚地观察到花粉管的萌发和生长情况及胼胝质在柱头表面的沉积状况,从而测定花粉与柱头是否亲和。

三、材料及用具

(一)材料
甘蓝、白菜或萝卜等正在开花的种株。
(二)仪器与用具
荧光显微镜、天平等;载玻片、盖玻片、镊子、铅笔、纸牌、纸袋、细铁丝、脱脂棉、广口瓶、容量瓶等。

(三)药品

甲醛、冰醋酸、无水乙醇、磷酸钾、苯胺蓝、氢氧化钠、甘油、蒸馏水等。

四、实验内容

自交测定、荧光显微镜观察和实验结果统计调查。

五、方法与步骤

(一)自交测定

1.套袋隔离

每人选3～5个发育健壮的花枝,去掉已开的花和已结的果,然后用纸袋套好并扎紧袋口,防止发生异交,并挂纸牌作标记。为了防止花枝倒伏,可将其绑缚在竹竿上固定。

2.自交授粉

套袋2～3 d以后,当每个花枝上有10朵左右的花开放时,解开纸袋,将已开的花和蕾之间作一明显标记,同时将小花蕾及花枝生长点一同去掉。再将大花蕾用镊子剥开使之露出柱头,然后用同株上已开的花的花粉同时给已开的花和大花蕾授粉,并将授粉花数、授粉蕾数、授粉人和授粉日期分别记录在纸牌上。最后用纸袋再次套好固定,这样可以同时完成花期授粉和蕾期授粉。授完一个花枝后,用70%酒精棉消毒用具及手指,再做另一个花枝。每人或每组花期授粉和蕾期授粉各做30～50朵花。

3.授粉后的管理

授粉2～3 d后随着花枝的生长要及时提袋,防止花枝弯曲或折断,并及时检查,如发现纸袋破损或脱落要及时更换。7～10 d后,全部授粉花或花蕾坐果后即可摘除纸袋。但要随时检查花枝生长情况,是否倒伏等。当角果变黄之后连同花枝、纸牌一起采收,装入纸袋,但一定要将同一花枝上花期授粉和蕾期授粉所得的角果分开采收。

(二)荧光显微镜观察

1.药剂配制

(1)FAA固定液:将40%甲醛、80%酒精和冰醋酸,按1∶8∶1的比例配制而成。

(2)0.1 mol/L磷酸钾水溶液:称取71 g磷酸钾,用蒸馏水定容至1 000 mL。

(3)0.1%苯胺蓝溶液:称取0.1 g水溶性苯胺蓝,用0.1 mol/L磷酸钾水溶液定容至 100 mL。

(4)8 mol/L 氢氧化钠溶液:称取 32 g 氢氧化钠,用蒸馏水定容至 100 mL。

2.材料处理

(1)固定和保存:分别摘取授粉后 16～24 h 的花期自交和蕾期自交的子房 5～10 个,切下花柱,分别固定在盛有 FAA 固定液的小广口瓶中并做好标记。24 h 后转移到 70%酒精溶液中保存。

(2)透明和软化:将固定后的材料用水冲洗后,转移到另一个瓶子中,用 8 mol/L 氢氧化钠浸泡 8～24 h。

(3)染色:将软化后的材料用水冲洗干净,再用水浸泡 1 h 以上,去掉氢氧化钠后放入 0.1%苯胺蓝染色液中染色 4 h 左右。

3.观察方法

用镊子夹取一枚柱头放于载玻片上,滴上 1 滴甘油,盖上盖玻片,轻轻敲压盖玻片使花柱展开,然后放于荧光显微镜下观察花粉管的生长情况。这种鉴定方法只能做定性鉴定,没有自交测定法准确,仅可作为早期判断,在实际测定时应用较少。

六、实验结果分析

(一)自交测定结果及分析

1.实验结果统计

将自交获得的种荚风干后按花枝分别脱粒,并计算种子粒数,填写表 5-1。

表 5-1　自交测定实验结果

花枝编号	花期授粉				蕾期授粉			
	授粉花数	结果数	种子数	亲和指数	授粉蕾数	结果数	种子数	亲和指数
1								
2								
3								
4								
5								
⋮								

2.亲和指数的计算方法

花期(蕾期)亲和指数＝花期(蕾期)人工授粉结籽数/花期(蕾期)人工授粉

花数

3.自交不亲和系的一般标准

花期自交不亲和指数：结球甘蓝≤1；大白菜≤2；萝卜≤0.5

蕾期自交亲和指数：结球甘蓝≥10；大白菜≥10；萝卜≥5

（二）荧光显微镜观察结果及分析

观察记载每个花柱柱头胼胝质沉积状况及花粉萌发情况。凡柱头上花粉不萌发或萌发少者为不亲和；萌发花粉管数多者为亲和。

七、作业及思考题

（一）作业

1.将自交测定结果填入表中并进行分析。

2.将荧光显微镜观察结果统计于表中并进行分析。

（二）思考题

1.自交不亲和性在园艺作物育种中有什么实际意义？

2.分析实验中存在的问题并找出相应的解决方法。

（编者：朱立新）

实验6　园艺植物雄性不育材料的鉴定

一、实验目的

掌握园艺植物雄性不育材料的花器形态特征，了解园艺植物雄性不育的表现形式与类型，学习园艺植物雄性不育材料的鉴定方法。

二、实验原理

1.雄性不育的概念及表现形式

植株不能产生正常的花药、花粉或雄配子时，就称为雄性不育。具有雄性不育特性的品系（种）等种质资源材料称为雄性不育系。雄性不育包含有许多不同的形式，主要有：①雌雄异株类型的植物群体中没有雄性个体或雄性个体的雄性器官畸形不育；②雌雄同株异花类型的植物雄性器官萎缩、畸形或消失；③两性花植物中雄蕊败育,包括不能形成正常的花粉,或虽然能形成有生活力的花粉但花药不开裂等。

2.雄性不育的类型

按照表现型划分:①结构性雄性不育(雄蕊退化);②孢子发生性雄性不育;③功能性雄性不育。

按基因型划分:①细胞核雄性不育:雄性不育性由核基因控制,不育性状不受细胞质基因的影响,因此,该类型雄性不育性的遗传和表达完全遵循孟德尔遗传规律;②细胞质雄性不育:雄性不育性由细胞质内特定的基因控制,表现为母性遗传;③核质互作型雄性不育:雄性不育是核基因和细胞质互作产生的。

按环境因子的影响划分:①光照敏感型;②温度敏感型。

目前农业生产中利用雄性不育系配制杂交种是一种非常有效的手段。它可以简化制种程序,降低杂交种子生产成本,提高杂交种子质量。十字花科、伞形科、百合科及茄科等蔬菜作物中,普遍存在不同程度的雄性不育现象。通过对园艺植物不同种类、品种花器结构的观察比较和花粉生活力的测定,可以从外部形态特征及花粉的萌发情况等方面来鉴定和选择雄性不育材料。

三、材料及用具

(一)材料

选以下1、2种两性花植物的雄性不育株及可育株(正常株)为试材。

1.蔬菜

白菜、萝卜、甘蓝、辣椒。

2.果树

桃(大久保、艳红属正常株,冈山白、五月鲜属不育株)、葡萄(玫瑰香、巨峰属正常株、白鸡心属不育株)。

3.花卉

矮牵牛、芍药、梅花。

(二)用具

显微镜、放大镜、镊子、解剖针、游标卡尺、载玻片、盖玻片、培养皿、恒温培养箱。

(三)试剂

0.5% TTC溶液:称取0.5 g TTC(2,3,5-氯化三苯基四氮唑)放入烧杯中,加入少量95%酒精使其溶解,然后用蒸馏水稀释至100 mL。溶液避光保存,若发红时,则不能再用。

培养基:含 10% 蔗糖,10 mg/L 硼酸,0.5% 琼脂的培养基。具体配法是称取 10 g 蔗糖、1 mg 硼酸、0.5 g 琼脂放入盛有 90 mL 蒸馏水的烧杯中,在 100℃ 水浴中融化,冷却后加水至 100 mL。

四、实验内容

每 2 人一组进行雄性不育材料鉴定:①田间观察比较花器特征;②室内测量比较花器特征;③花粉生活力测定和发芽试验。

五、方法与步骤

(一)田间观察比较花器特征

将所需观察的实验材料的不育株和正常株待开花期进行花器形态特征的比较,主要是观察花蕾大小、花朵的开展度,用放大镜观察花丝的状态(弯曲、直立)、花药的颜色、花药的饱满程度、花粉的有无(用手捏破花药,是否有黄色粉面)等外部形态特征,比较不育株与正常株的区别。

(二)室内测量比较花器特征

每组分别采摘不育株与可育株(正常株)开花前 3~4 d 的花蕾和当天完全开放的花朵各 10 朵,放在培养皿中带回室内进行鉴定。

(1)用游标卡尺测量不育株和正常株的花蕾大小,比较花药的饱满度,颜色和大小;测量完全开放花的花冠、花丝等花器各个部分的大小,并将测量结果记入表 6-1。

(2)用镊子将不育花和正常花的雄蕊取下,观察雄蕊数目、大小、花柱及子房的外部形态,并将结果记入表 6-1。

(3)用解剖针将不育花和正常花的花药打开,观察花粉的有无,在显微镜下镜检,比较两者花粉粒形态上的区别,镜检结果记入表 6-1。

(三)花粉生活力的测定

1.花粉生活力 TTC 染色测定法

分别放少量不育花和正常花的花粉于载玻片上,滴 1 滴 0.5% TTC 溶液,然后盖上盖玻片,将载玻片于 35℃ 恒温箱中 15 min 后,在显微镜下观察统计染色和未染色的花粉粒数,花粉呈红色的表示有生活力,生活力越强的花粉染色越深,无色者的表示无生活力,将观察计算结果记入表 6-2。

表 6-1 不育株和可育株花器的比较

育性及取样数		花蕾大小（长×宽）	花冠开展度	雄蕊数目	花丝长短	花丝及花药总长	花柱长短	花柱及子房总长	花药大小（长×宽）	花药外观颜色	花粉皱缩	花粉有无	花粉粒形状
不育株	1												
	2												
	3												
	4												
	5												
	6												
	7												
	8												
	9												
	10												
	平均												
可育株	1												
	2												
	3												
	4												
	5												
	6												
	7												
	8												
	9												
	10												
	平均												

表 6-2　不育株和可育株花粉生活力比较

项目	不育株			可育株		
	观察花粉总数	染色花粉数	具生活力花粉/%	观察花粉总数	染色花粉数	具生活力花粉/%
视野 Ⅰ						
视野 Ⅱ						
视野 Ⅲ						
平均						

2.花粉萌发测定法

将培养基融化后,用玻璃棒蘸少许,涂布或滴在载玻片上,待冷却后,分别将不育花和正常花的花粉洒落在培养基上,然后将载玻片放置于垫有湿滤纸的培养皿中,在 25℃ 左右的恒温箱中培养,10~20 min 后在显微镜下镜检,并将两种花粉的发芽率记入表 6-3。

表 6-3　不育株和可育株花粉发芽率比较观察

项目	不育株			可育株		
	观察花粉总数	发芽花粉数	花粉发芽率/%	观察花粉总数	发芽花粉数	花粉发芽率/%
视野 Ⅰ						
视野 Ⅱ						
视野 Ⅲ						
平均						

六、实验结果分析

1.根据田间观察和室内鉴定结果,分析不育株和可育株的花器官在形态特征上的主要区别。

2.分析影响花粉发芽率的主要因素有哪些?

七、思考题

1.利用哪些方法可以鉴定园艺植物的雄性不育性?

2.园艺植物的雄性不育性分为哪些类型?

(编者:谷建田)

实验7　园艺植物有性杂交技术

一、实验目的

了解不同种类园艺植物花器结构特点、开花习性,熟练掌握园艺植物有性杂交技术。

二、实验原理

有性杂交育种是目前获得植物新品种常用的有效手段。遗传类型不同的生物体相互交配或结合而产生杂种的过程,称为杂交。依人工控制与否,可分天然杂交和人工杂交;依杂交时通过性器官与否,可分有性杂交和无性杂交;依杂交亲本亲缘关系远近,可分远缘杂交和种内杂交(近缘杂交)。通过杂交途径获得新品种的过程叫杂交育种。通过有性杂交获得新品种的过程称为有性杂交育种。有性杂交育种是通过两个不同遗传特性个体之间进行有性杂交,进而获得杂种,并对杂种进行培育、鉴定、选择,最终创造出新品种的育种方法。园艺植物有性杂交育种分为常规杂交育种、优势杂交育种、营养系杂交育种和远缘杂交育种等,有性杂交技术是主要的传统育种技术。

自交是与杂交相对应的概念。有以下三方面含义:对于两性花植物来说,是指雌蕊接受同一花朵的花粉(自花授粉);对于雌雄同株异花植物来说,是指雌花接受同一植株的花粉;对于果树等营养繁殖的园艺植物来说,是指同一品种(基因型)内的相互授粉。在自然条件下,以自花授粉为主的植物称为自花授粉植物。

园艺植物授粉的方式有自花授粉、异花授粉和常异花授粉。自花授粉植物通过同一朵花的花粉授到其柱头上而完成授粉过程。在花器结构上具有某些特点,使自花授粉在整个传粉过程中占主导地位,其自然异交率一般在5%以下。异花授粉是指在自然状态条件下雌蕊通过接受其他花朵的花粉受精繁殖后代(可以是来源于同一植株的,也可以是来源于其他植株的)。在自然条件下,以异花授粉为主的植物称为异花授粉植物。自花授粉植物和常异花授粉植物限于雌雄同花类型,而且限于被子植物少数几个科、属的草本植物。异花授粉则普遍发生于高等植物所有的科。多数异花授粉植物自交会导致生活力显著衰退。异花授粉植物往往需要借助风、昆虫、动物等外力来协助其完成授粉过程。

不同科、属的自花授粉植物的有性杂交技术不尽相同,但是,目前在育种上人工去雄杂交还是主要手段。因不同科、属的异花授粉植物具有不同的花器结构,所以在进行去雄授粉之前必须了解这些不同之处。

三、材料及用具

(一)材料

任选以下1～2种园艺植物为材料进行杂交。

1. 蔬菜

可选用自花授粉植物(茄科番茄)或异花授粉植物(十字花科白菜、甘蓝或萝卜,葫芦科黄瓜)或常异花授粉植物(茄科辣椒)为亲本植株。

2. 果树

可选用葡萄品种(玫瑰香、巨峰、龙眼、无核白、红地球)或桃的植株与花粉。

3. 观赏植物

可选用不同品种菊花为亲本进行授粉。

(二)用具

尖头镊子、小瓶、标牌、细铁丝或线绳或曲别针、授粉工具(橡皮头铅笔、毛笔、棉签等)、隔离纸袋(硫酸纸或牛皮纸)、酒精棉球(75%酒精)、培养皿若干、铅笔、干燥器、记录本。

四、实验内容

花器结构观察、亲本植株的选择、花粉采集和贮藏、去雄授粉和杂交后的管理与结果率调查。

五、方法与步骤

(一)番茄的有性杂交技术

1. 花器结构和开花习性

(1)花器结构:番茄花为两性花,花冠黄色,基部联合呈喇叭,花冠先端分裂成5～6枚(或更多),花萼片数常与花瓣数相同。雄蕊5～6枚。花药长形联合成筒状,称为"药筒",附着在很短的花丝上,每个花药具有左、右两个花粉囊,花药成熟后在药囊内侧中心线的两侧纵裂,从中散出呈球形的花粉。雌蕊被包围在药筒中央,所以易于保证自花授粉,但是也有0.5%～4%的异花授粉率。子房上位,多心室,多种子,有时雌蕊呈复合状,由此形成果实常畸形,这种花不宜做杂交用。

(2)花朵开放时间的长短:番茄每一朵花的开花程序包括现蕾、露冠、开放和盛开四个时期。通常在气温22～25℃时,一朵花从花冠开放到谢花需3～4 d。开花多在上午4:00～8:00,下午2:00以后很少开花。温度一般在21～32℃时开放最多,通常低于 15℃停止开花,高于 35℃常发生落花落蕾,因此,杂交时应避开高温。雌花在花药开裂前 2 天即可接受花粉受精,受精能力可保持 4～5 d。杂交也可采取蕾期授粉,但较开花当天授粉结实率低,果实中种子也较少。

2.有性杂交技术

(1)母本植株、花序和花朵的选择:首先选择具有本品种典型特征特性的生长健壮的植株。杂交用的花序以第二或第三花序为好,坐果率高,果实发育好,种子数量多,质量也好,通常每花序中选择近基部的发育正常的 2～3 个尚未开花的大花蕾作杂交用,其余的小花蕾和已开放的花及畸形花应摘除。

(2)花粉的采集和贮藏:在选定的父本植株上选取当天盛开的花朵,用镊子将花朵取下带回室内,或直接取下花药,放入培养皿中,摊开晾开,放在干燥器中贮藏备用。需要大量花粉时也可采用花粉采集器采集。成熟的花粉在 4～5℃条件下可以保持 2 周的寿命。

(3)去雄和授粉:去雄过晚,易引起自交。适宜的去雄时期是在花粉尚未成熟以前,这时花冠已露出萼片,花朵快要开放但还未开放,去雄时用镊子尖端把花瓣轻轻拨开,露出花筒,镊子从药筒基部伸入,把整个药筒取下,或分次摘出。去雄后在该花序基部挂上标牌,注明品种名称、去雄花蕾数及去雄日期,去雄后立即套袋隔离。

已去雄的花朵经 1～2 d,当花冠充分开放,颜色鲜黄时是授粉的适宜时期。为了省工也可在去雄的同时进行蕾期授粉。授粉时间以晴朗无风天上午 8:00～10:00 最宜。先将隔离纸袋摘下,用橡皮头或其他授粉器蘸取父本花粉轻轻地涂在母本柱头上。注意不要碰伤柱头,动作要轻,授粉后仍套上纸袋,并在纸牌上加注父母本名称、授粉花粉、授粉日期、授粉人、授粉花朵数。每人做 10 朵(多者 15～20 朵花)有性杂交。

做完一个组合后,授粉工具要用酒精消毒,待酒精蒸发后再做另一杂交组合。番茄授粉后约 50 h(2 d 多)就完成受精,胚的分裂约在授粉后 94 h(近 4 d 后)开始,一朵花从开放到果实成熟需 45～55 d。

(4)授粉后的管理及结果率调查:杂交后的几天要经常检查纸袋,如果有脱落、破碎则可能发生了意外杂交,这些杂交花要及时摘除,并根据留下的正常杂交花多少,决定是否重新补做杂交。

授粉后当花瓣凋谢,柱头萎蔫时即可去掉隔离纸袋,一般 1 周左右去袋。去袋同时统计坐果数。杂交果实成熟后,连同标牌一起采收。

将杂交的各阶段记录和调查数据及时填入有性杂交结果记录表 7-1。

表 7-1　有性杂交结果记录表

组合名称	去雄日期	授粉日期	授粉花数	果实成熟期	坐果数	坐果率	备注

(二)黄瓜的有性杂交技术

1.黄瓜花器的构造

黄瓜一般为雌雄异花植物,相对其他作物,有性杂交比较方便,但有时会出现两性花株型,杂交时需注意选择。黄瓜的花冠、花萼均上离下合,5 裂片,呈钟状,雌花子房下位,花柱短,柱头肥大呈多瓣状;雄花雄蕊 5 个,两两组合,花药回纹状密集成堆,花粉黄白色。

2.黄瓜的开花习性

黄瓜一般雄花先开,雌花后开。开花的顺序通常是主茎叶腋间的雄花先开,然后自下而上,由主枝到侧枝。黄瓜花在早晨气温 16℃左右时开放,并受光照影响,晴天开放较早,阴天开放延迟。散粉适宜温度为 18～22℃,天气不好时难以散粉。散粉后 1 h 内花粉的生活力最强。黄瓜开花后授粉力持续 48 h,但在炎热的环境下,下午花就凋萎了,授粉力极低。

3.杂交亲本及花的选择

根据育种目标、育种途径、遗传规律以及亲本关系等条件选择杂交组合,并确定哪个是父本,哪个是母本。在优良单株上选择雄花。雌花的选择不仅考虑单株,也需考虑节位。选用第 2 雌花杂交效果最佳。第 1 雌花通常发育不良,后期容易烂瓜,节位过高则种子不易成熟。

4.扎花及授粉

选用作杂交的花朵应于开花前一天用橡皮圈或细铁丝扎缚花冠,使其在开花时仍处于闭合状态。授粉时,先摘下雄花,剥去花冠,再打开雌花,将雄花蕊在雌花柱头上轻擦几下。如雄花数量较少,一朵雄花可授数朵雌花。授完粉后,把雌花花冠继续扎缚上。挂牌标记,注明亲本名称、杂交日期、天气情况、授粉时间及授粉者。花冠授粉以早上 9:00～11:00 效果最好。完成一个杂交组合授粉后,用 75% 的酒精擦手和用具,以免授下一个组合时花粉污染。

5.种子采集

授粉后 40 d 左右,种瓜老熟,即可采收。采收的种瓜室内放置几天后熟,然后剖瓜取瓤,发酵 1～2 d 后,淘洗,晒干,装袋,贮藏。

将杂交的各阶段记录和调查数据及时填入有性杂交结果记录表7-1。

(三)大白菜有性杂交技术

1.花器结构观察

十字花科蔬菜属两性花,异花授粉作物,每朵花有花瓣 4 片,花瓣基部有蜜腺,为虫媒花。花开后呈十字交叉形排列,花瓣的内侧着生雄蕊 6 枚,分内、外两轮。外轮两个,花丝较短;内轮 4 个,花丝较长,称"四强雄蕊"。每个雄蕊的花丝顶端着生花药,花药成熟后自然开裂散出花粉。雌蕊位于花中央,一般与内轮 4 个雄蕊等长,子房上位。开花顺序是先主茎,然后一级、二级侧枝,由上向下逐渐开放。就一个花枝来说是由基部向上依次开放。大白菜每一花枝上每天开放 3～6 朵花,每一朵花的开放时间为 3～4 d,一个品种的花期为 20～30 d。

2.亲本植株和花朵的选择

选择发育正常、生长健壮、无病虫害并具有本品种典型特征的植株作为杂交亲本植株,选用主茎花蕾或一级分枝中部的大小适中的花蕾作杂交用。每株一般杂交 10～20 朵花,顶部过小的花蕾、已开放的花朵和花枝上的荚应全部摘掉。

3.花粉采集和贮藏

去雄的同时,将父本植株的花枝套袋(已开放的花朵摘除)。待授粉时将袋内开放的花朵取下,放于小瓶或培养皿中,收集新鲜花粉。十字花科蔬菜的花粉在常温干燥条件下,生活力可保持 3～4 d,若在 4～5℃ 低温干燥贮藏条件下,可保存 20～25 d,因此也可事先采集花粉贮藏备用,不过仍以新鲜花粉的受精能力最强。贮藏花粉时应将采集的花粉充分干燥后,放在小瓶中再放在干燥器中置于低温处保存。

4.去雄

选择母本植株上第 2 d、第 3 d 将开放的花蕾进行去雄。去雄时,要用镊子轻轻拨开花萼及花冠,或用镊子轻轻夹去上半截花萼或花冠,然后用镊子夹住花丝,把 6 个雄蕊全部去掉。要避免用镊子夹破花药,一旦夹破花药要用酒精棉消毒镊子,待酒精蒸发后再进行去雄。去雄后套上隔离纸袋,用曲别针将袋口扎严,然后在杂交花枝下部挂上标牌,注明母本名称、去雄日期、去雄花数。做下一个组合前要用酒精棉消毒镊子,以免串粉。

5.授粉

待母本植株袋内去雄的花朵开放后进行授粉,授粉工作在正常天气条件下可以全天进行,但以上午 7:00～11:00 和下午 3:00～5:00 为好。雌蕊在开花前 1～5 d 就有接受花粉引起受精的能力,但以开花前后 2～3 d 受精结实率高。为了减少人工去雄、授粉时套袋的手续,可以去雄授粉同时进行,即蕾期授粉。授粉时,用镊子夹住父本已开裂花药的花丝轻轻碰触母本柱头,或用毛笔(或铅笔橡皮头)蘸花粉少许授予柱头上,如花药未开裂可用镊子挑开。授粉后立即套上隔离纸袋,并在标牌上加注父本名称、授粉日期、授粉花数、授粉人。为了避免花粉混杂污染,每做完一个组合的杂交后,应对授粉工具和手指用酒精棉严格消毒,再进行下一个授粉处理。

6.杂交后的管理

在授粉后 7～10 d,当花瓣完全脱落后及时摘除纸袋,并加强种株的田间管理,待种荚变黄时及时收获。

将杂交的各阶段记录和调查数据及时填入有性杂交结果记录表 7-1。

(四)葡萄有性杂交技术

1.花器结构观察

葡萄的花器与其他果树不同,无萼片,5 个绿色花瓣自顶部合生在一起,形成帽状花冠,开花时花瓣自基部与子房分离,并向上和向外翻卷,花冠在雄蕊的弹伸作用下从上方脱落。葡萄每朵小花有雄蕊 5 个,有时 6～8 个;雌蕊 1 个,子房上位,2 个心室,每室有 2 个倒生胚珠。子房下部有 5 个圆形的蜜腺,其中含有芳香醚类物质。葡萄一个结果枝上一般有 1～3 个花序,有时也有 4～5 个或更多,结果枝上以基部第一花序较大,上部花序较小。一般每一花序有 100～200 朵小花,最多达 1 000 多朵。在同一果枝上,一般是基部花序先开,在一个花序上,中部及基部先开,渐至穗尖及副穗。葡萄花期 1 周左右,开花后第 3 d、第 4 d 进入盛花期。晴朗的天气整天都开花,而一般以上午 8:00～10:00 开花最多。此外,葡萄有些品种有闭花受精现象,即花冠没脱落之前就已自花授粉受精完毕,这类品种在去雄时应稍早进行。

2.花粉采集和贮藏

花粉采集可在开花前 2～3 d 进行,在采集花粉数量不大的情况下,将始花的花序带回,用镊子取下花冠,将花药轻轻地放在光滑的纸上或培养皿内,挑出杂物,放在阴凉干燥的地方,花药开裂后,将花粉装入小瓶内,标上花粉名称,以免混杂。然后将花粉小瓶放置干燥器内或冷凉的地方,以备杂交时应用。

3.去雄

葡萄有完全花(即两性花)和不完全花,大多数品种是完全花。完全花自花授粉能力较强,因此掌握正确的去雄时间,对于获得良好的杂交效果很重要。去雄时间在开花前 2～3 d,花蕾颜色为绿黄时,最晚至一花序上有几朵花已开,去雄较为适宜,过早花冠不易脱落,使子房损伤,影响其正常发育,过晚会自花授粉。为了掌握去雄时间,必须在开花的前几天,对花蕾的颜色变化加以观察,如发现花蕾由绿变绿黄时即可去雄。为了给杂交种子创造良好的发育条件,应选择发育好和通风透光部位的花序。去雄时间最好在晴朗无风的早晨进行,动作要迅速,避免被其他花粉授粉。去雄时左手握住花序,右手握住镊子,用镊子夹住花朵上部将帽状花冠连同花药一起去掉,勿使子房受伤,应挑选花序中部发育好的 100～150 朵花去雄,摘除花序顶部和副穗上的花蕾,去雄后仔细检查有无遗漏的花蕾和残存的花药。

4.授粉

去雄后即可进行授粉,授粉最好在晴朗无风的早上进行,授粉时,用毛笔或橡皮头蘸取花粉轻轻涂在每个柱头上,待整个花序授完立即套袋(纸袋 15 cm×30 cm),袋口用细铁丝捆在花序基部封严。授粉后的花序要挂牌,以作标记,牌上注明亲本组合、去雄时间、授粉时间、授粉花朵数、授粉人。

5.授粉后的管理及结果率调查

授粉 7～10 d 后即可去袋,同时进行第一次杂交结果率调查,如子房膨大,表明已受精,子房萎蔫变褐,表明没有受精,6月中旬、7月中旬各调查一次,将 3 次调查结果登记在杂交记录本上。

将杂交的各阶段记录和调查数据及时填入有性杂交结果记录表7-1。

(五)桃有性杂交技术

1.桃的开花习性

桃的花形分蔷薇形(大花型)和铃形(小花型)。蔷薇形花瓣宽大,蕾期呈覆瓦状排列;铃形花大小约为普通型的1/5,花瓣直立,不抱合,外观呈铃形。桃花通常为两性花,雌蕊和雄蕊都发育正常。花粉的数量因品种而异,如大久保、白凤、京玉等品种花粉量较多,早黄甘、黄露、朝霞等品种花粉量中等。观赏桃花的雄蕊和雌蕊全部或者绝大部分瓣化。

2.花粉的采集与贮藏

在开花前 1～2 d 从父本树上采集大花蕾,用镊子剥开花瓣,取出成熟而未开裂的花药,平铺于培养皿内光滑纸上,标注品种及日期,置于室内向阳处或 25℃ 恒温箱中。待花药开裂后,去除花药壁和花丝等杂质,将花粉装入小玻璃瓶,用橡皮塞封口,放入 0℃ 低温下保存待用。采完一个品种后,对采集器具用 70% 酒精擦拭,避免花粉混杂。

3.去雄

母本树拟授粉的花朵应在杂交前 1～2 d 去雄。可用镊子或小剪刀拨开花瓣,将雄蕊摘除。也可将花冠和雄蕊一起剪去。操作务必小心,不能损伤柱头、花柱和子房。上午 8:00 前和下午 16:00 后飘散在空气中的花粉较少,适合进行去雄。去雄后立即套上纸袋,隔离外界花粉,挂上标牌。

4.授粉与套袋

去雄的花蕾经1～2 d后,柱头开始分泌黏液,这时可以授粉。用毛笔先端蘸取花粉,涂抹于柱头上。为提高授粉效率,可进行蕾期授粉,即在大花蕾期去雄后立即授粉。同一花枝上的非杂交用花全部去除。授粉后的花立即套袋隔离,然后挂牌,标注父母本品种名称及授粉时间。

5.杂交情况调查与果实采收

授粉后1周左右,当母本柱头已经干枯变黄时,可以撤掉纸袋,并检查坐果情况。第二次生理落果后再次检查坐果情况。当杂交果实充分成熟时,连同标牌一起采收,并记下采收日期。如果是远缘杂交,杂种幼胚有可能败育,应提早采收,采后进行组织培养,以提高杂种胚的成苗率。

将杂交的各阶段记录和调查数据及时填入有性杂交结果记录表7-1。

六、实验结果分析

(1)通过对杂交结果率的分析,你认为影响杂交结果率的因素都有哪些?

(2)根据你对不同园艺植物花器结构的观察和分析,指出在杂交时何时去雄、何时采集花粉和何时授粉最合适。

(3)通过对番茄、大白菜和葡萄花器结构的观察,分析花器结构与授粉习性的关系。

(4)比较茄科番茄、十字花科大白菜和葡萄科葡萄的有性杂交技术的异同点。

七、作业及思考题

(一)作业

1.绘出番茄、大白菜和葡萄的花器结构图。

2.填写杂交结果记录表。

(二)思考题

1.比较自花授粉与自交的概念。

2.自花授粉植物、异花授粉植物和常异花授粉作物有何异同点?

3.去雄和授粉有哪些注意事项?

(编者:谷建田)

实验8　园艺植物杂交亲本的配合力测定分析

一、实验目的

了解配合力测定的基本方法及其在园艺植物育种中的作用和意义；掌握半轮配法测定配合力的方法步骤。

二、实验原理

亲本选择恰当与否是影响杂交育种成败和效率高低的一个关键因素。育种实践表明，亲本与其杂交后代的性状表现并不一定呈现出方向的一致性，即优亲不一定有优组。而作物大多数经济性状又为数量性状，受微效多基因控制，变异呈现出连续性的特点，给其研究和利用带来了困难，大大降低了育种效果。因而，若能对亲本及其所配组合尽早进行科学的评价和预测，则会显著提高育种效率。

配合力是衡量杂交组合中亲本性状配合能力，判断杂交亲本对 F_1 某种性状控制能力的一项指标。通常，早期的配合力效应与其后期的配合力效应有较高的一致性，因而可对配合力进行早期预测，以作为亲本选配的科学依据。常见的配合力测定方法有 Griffing 的完全双列杂交、不完全双列杂交和部分双列杂交等方法。完全双列杂交法又称轮配法，将一组亲本进行全部杂交组合。据试验设计中是否包含亲本和正反交组合，可分为四种设计方法，见表8-1。

表 8-1　Griffing 完全双列杂交法的四种设计方法

序号	试验内包括的组合类型	组合总数
1	包括所有的杂交组合	P^2
2	包括正交和自交组合	$1/2P(P+1)$
3	正反交组合	$P(P-1)$
4	正交组合	$1/2P(P-1)$

注：设亲本的自交系或品种数为 P。

四种设计方法中，每一种设计又分为固定模型（模型Ⅰ）和随机模型（模型Ⅱ）两类，共有 8 种统计分析方法。其中设计方法四又称半轮配法，在涉及较少组合的条件下，满足了每一个亲本与其他亲本的配组（但不包括反交和自交），且亲本参与配组的次数相等，消除了亲本参与配组次数不均产生的偏差。半轮配法可以进行一般配合力($g.c.a$)和特殊配合力($s.c.a$)的测定,高效实用,育种实践中常被采用。故本实验仅就此法的模型Ⅰ进行介绍。

三、材料及用具

(一)材料

蔬菜或花卉作物亲本自交系或品种。

(二)用具

计算器或计算机及统计分析类软件(如 Excel、DPS、SPSS、SAS 和 R 等)。

四、实验内容

设有 P 个亲本,参照表 8-1,按 Griffing 方法四配制组合,则有 $n=1/2P(P-1)$ 个组合随机区组排列,m 个区组(重复),每小区随机取样1株,为方便示例,可设 $m=3$,$l=4$。记录待考察性状的数据资料,按如下流程图进行数据分析:

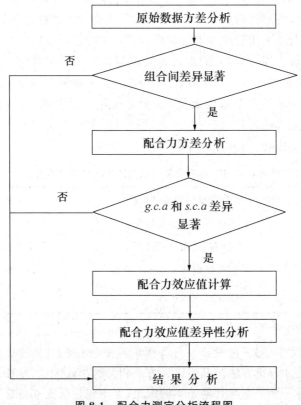

图 8-1　配合力测定分析流程图

五、方法与步骤

(一)原始数据的方差分析

按表 8-2 整理原始数据,其中 T_m 为同一区组(重复)所有观察值的和,共有 m 个。T_n 为同一组合所有观察值的和,共有 n 个。

按以下公式计算出原始数据总平方和 S_T。

$$S_T = \sum x^2 - C$$

$$C = \frac{(\sum x)^2}{nml}$$

式中:x 表示各个植株该性状的观察值,据步骤四可知共有 $n \times m \times l$ 个。

将原始数据整理为"区组与组合"二向分类表(表 8-3)。

表 8-2　原始数据表

区组	组　合					
	1	2	3	4…	n	T_m
1						
2						
3 ⋮						
T_n						
平均						S_T

表 8-3　区组与组合二向分类表

区组	组　合					
	1	2	3 …		n	T_m
1						
2						
3						
T_n						S_T

按以下公式计算各平方和,列出方差分析表(表 8-4)进行计算。

$$S_l = \frac{1}{l}\sum T_l^2 - C$$

$$S_n = \frac{1}{ml}\sum T_n^2 - C$$

$$S_m = \frac{1}{nl}\sum T_m^2 - C$$

$$S_{nm} = S_l - S_n - S_m$$

$$S_e = S_T - S_l$$

以上各式中,S_l 为由表 8-2 求出的平方和,S_n 为组合平方和,S_m 为重复区组平方和 S_{nm} 为区组×组合平方和,S_e 为机误平方和,其中 T_l 为某一小区内该性状所有观察值的和,共有 nm 个,它们是构成表 8-3 的基本数据。本例中 T_l 为 4 个观察值的和,共有 nm 个即 $3n$ 个。

表 8-4　方差分析表

变异来源	自由度(df)	平方和(SS)	方差($MS=SS/df$)	F
组合	$n-1$	S_n	V_n	
区组	$m-1$	S_m	V_m	
组合×区组	$(n-1)(m-1)$	$S_{nm}=S_l-S_n-S_m$	V_{nm}	
机误	$nm(l-1)$	S_e	V_e	

若 F 测验结果表明组合间确实存在显著性差异,则进入下一步计算。

(二)配合力分析

1. 组合平均值数据整理

将表 8-2 中计算出的各组合平均值整理至表 8-5,并计算某一亲本参与的所有组合平均数之和。

表 8-5 各组合平均值

母本 i	父本 j					
	2	3	4	⋯	P	$X_i.$
1	X_{12}	X_{13}	X_{14}	⋯	X_{1P}	X_1
2		X_{23}	X_{24}	⋯	X_{2P}	$X_2.$
3			X_{34}	⋯	X_{3P}	$X_3.$
⋮					⋮	⋮
$P-1$					$X_{(P-1)P}$	$X_{P-1}.$
P						$X_P.$
						$X..$

注:$i=1,2,3,\cdots,P$。

表中:$X_1. = X_{12} + X_{13} + \cdots + X_{1P}$

$X_2. = X_{12} + X_{23} + X_{24} + \cdots + X_{2P}$

$X_3. = X_{13} + X_{23} + X_{34} + X_{35} + \cdots + X_{3P}$

⋮

$X_P. = X_{1P} + X_{2P} + X_{3P} + \cdots + X_{(P-1)P}$

而 $X..$ 则为表 8-5 中所有[共 $1/2P(P-1)$ 个]组合平均数的总和,即

$$X.. = \sum_{i=2}^{P} X_{1i} + \sum_{i=3}^{P} X_{2i} + \cdots + \sum_{i=P-1}^{P} X_{(P-2)i} + X_{(P-1)P}$$

若设 X_{ij} 为第 i 个亲本与第 j 个亲本杂交组合的该性状平均值,那么上式也可表示为

$$X.. = \sum_{i=1}^{P} \sum_{\substack{j=1 \\ j>i}}^{P} X_{ij}$$

2. 配合力方差分析

按以下公式计算 $g.c.a$ 和 $s.c.a$ 的平方和 S_g、S_s 及机误方差,列出表 8-6。

$$S_g = \frac{1}{P-2} \sum_{i=1}^{P} X_{i\cdot}^2 - \frac{4}{P(P-2)} X_{\cdot\cdot}^2$$

$$S_s = \sum_{i=1}^{P} \sum_{\substack{j=1 \\ j>i}}^{P} X_{ij}^2 - \frac{1}{P-2} \sum_{i=1}^{P} X_{i\cdot}^2 + \frac{2}{(P-1)(P-2)} X_{\cdot\cdot}^2$$

$$\hat{V}_e = \frac{1}{ml} V_e$$

表 8-6　配合力方差分析

变异来源	自由度(df)	平方和(SS)	方差($MS=SS/df$)	F
$g.c.a$	$n-1$	S_g	V_g	
$s.c.a$	$1/2n(n-1)$	S_s	V_s	
机误	$nm(l-1)$	—	$V_e'^2$	

若经 F 测验, $g.c.a$ 和 $s.c.a$ 的方差呈显著性差异,则计算二者效应值,以判断亲本的优劣。

(三)配合力效应值估算

1. $g.c.a$ 效应分析

按下式计算配合力效应值,并由大到小填入表 8-7。

$$\hat{g}_i = \frac{1}{P-2} \left(X_{i\cdot} - \frac{2}{P} X_{\cdot\cdot} \right)$$

式中: $\hat{g}_i$ 表示第 i 个亲本一般配合力的估计值。

表 8-7　各亲本 $g.c.a$ 效应比较

亲本 $g.c.a$ 效应		$\hat{g}_{\max}$	……
$\hat{g}_{\max}$			
⋮			
$\hat{g}_{\min}$			

注:表中最后一列表示最小的一般配合力效应值不列出。

据以下公式及在 $df = nm(l-1)$ 下查得的不同置信度的 t 值,计算比较后,在表 8-7 中标注一般配合力效应的差异显著性。

$$S.E._{(\hat{g}_i - \hat{g}_j)} = \sqrt{\frac{2V_e'^2}{P-2}}$$

$$L.S.D. = t \times S.E._{(\hat{g}_i - \hat{g}_j)}$$

式中：$S.E._{(\hat{g}_i - \hat{g}_j)}$ 为一般配合力效应差异的标准误；t 为从 t 值表中查得的 0.05 和 0.01 置信度下的值。

2. $s.c.a$ 效应分析

由下式计算特殊配合力的效应值 $\hat{S}_{ij}$，由大到小填入表 8-8。

$$\hat{S}_{ij} = X_{ij} - \frac{1}{(P-2)}(X_{i\cdot} + X_{j\cdot}) + \frac{2}{(P-1)(P-2)}X_{\cdot\cdot}$$

式中：$X_{ij}, X_{i\cdot}, X_{j\cdot}$ 为表 8-5 中所列出的值，也可以将上式变形为

$$\hat{S}_{ij} = X_{ij} - \hat{g}_i - \hat{g}_j - \frac{2}{P(P-1)}X_{\cdot\cdot}$$

$\hat{g}_i$、$\hat{g}_j$ 已经求出，$2X_{\cdot\cdot}/P(P-1)$ 为常数值，所以利用此式计算更为简便快捷。

表 8-8　各个亲本组合 $s.c.a$ 效应比较

亲本 $s.c.a$ 效应		$\hat{S}_{max}$	...
$\hat{S}_{max}$			
$\vdots$			
$\hat{S}_{min}$			

注：表中最后一列表示最小的特殊配合力效应值不列出。

据以下公式及在 $df = nm(l-1)$ 下查得的不同置信度的 t 值，在表 8-8 中标注各组间特殊配合力效应的差异显著性。

$$S.E._{(\hat{s}_{ij} - \hat{s}_{jk})} = \sqrt{\frac{2(P-3)V_e^2}{P-2}}$$

$$L.S.D. = t \times S.E._{(\hat{s}_{ij} - \hat{s}_{jk})}$$

$$S.E._{(\hat{s}_{ij} - \hat{s}_{kl})} = \sqrt{\frac{2(P-4)V_e^2}{P-2}}$$

$$L.S.D. = t \times S.E._{(\hat{s}_{ij} - \hat{s}_{kl})}$$

但需注意 $S.E._{(\hat{s}_{ij} - \hat{s}_{jk})}$ 的公式表示具有共同亲本组合间特殊配合力效应差异的标准误；而 $S.E._{(\hat{s}_{ij} - \hat{s}_{kl})}$ 的公式表示无共同亲本组合间特殊配合力效应差异的标准误。t 为从 t 值表中查得的 0.05 和 0.01 置信度下的值。

六、实验结果分析

据表 8-7、表 8-8 计算结果，就考察性状对亲本进行分析评价。

七、作业及思考题

1. 如何利用配合力分析与测定结果对亲本进行评价?
2. 如何判断配合力效应值计算的准确性?

（编者：陈雪平）

实验9　园艺植物化学杀雄技术

一、实验目的

了解化学杀雄的原理,学习黄瓜乙烯利杀雄方法。

二、实验原理

化学杀雄是指在植物雄性器官分化前或发育过程中,喷施内吸性药剂,使植株雄性不育或雄花减少。化学杀雄技术是作物杂种优势利用的重要途径之一,可以简化杂交种子制种程序。

化学杀雄的机理主要有两个方面:对两性花作物（如甘蓝等十字花科作物）,可通过化学药剂诱导花药毡绒层偏离正常发育,不向药室供应营养,导致正常发育的花粉因缺乏营养而不育;对雌雄异花同株作物（如黄瓜等葫芦科作物）,可通过喷施激素类物质改变植株体内的激素水平,促进雌性器官而抑制雄性器官的发育,使植株的花芽分化更多地朝雌性花方向发展。

两性花的化学杀雄技术在农作物上应用比较多。在园艺作物上,甘蓝上有研究报道两性花的化学杀雄,但还未大规模应用;目前,我国技术成熟、效果比较肯定的是黄瓜乙烯利去雄技术。

在实际应用中除注意选用适当的杀雄剂外,化学杀雄的效果还与处理时植株的发育时期、药剂的浓度、天气等因素有关,此外,杀雄剂一般还对植株的生长有抑制作用。因此,在应用化学杀雄技术时,需要预先试验,找出当地合适的药液浓度。

三、材料及用具

植物材料:黄瓜幼苗。
试剂及用具:乙烯利药剂;手持小型喷雾器、量筒、标签牌、卷尺等。

四、方法与步骤

（一）药剂配制

用清水将乙烯利药剂配成 50 mg/L、200 mg/L、400 mg/L 的浓度，以清水作对照。先配制高浓度的药液，然后再取部分高浓度药液稀释成低浓度的药液。全班统一配制，再分组分装。

（二）用药时期和次数

在幼苗 2～4 片真叶期喷药 1～2 次。

全班分成 3 组，试验设置 3 个重复，每组负责 1 个重复，即每组都喷施 4 个浓度的药液。先按随机排列确定田间幼苗应喷施的药液浓度，插上标签，再施药。

（三）用药方法及喷药量

乙烯利主要是通过叶片进入植物体内，然后再运转到有关部位参与花芽分化生理过程，所以用药方法主要是叶面喷施，喷至叶面上布满雾点并开始滴流为止。

（四）观察记载

喷后 15 d 左右进行调查，2～3 位同学一组，各处理随机取样 10 株作田间观察，将结果填入表 9-1。

表 9-1　黄瓜乙烯利去雄效果调查　　　　品种：

处理浓度	调查株号	株高/cm			雌花数/朵			第一雌花节位			备注
		Ⅰ	Ⅱ	Ⅲ	Ⅰ	Ⅱ	Ⅲ	Ⅰ	Ⅱ	Ⅲ	
50 mg/L	1										
	2										
	3										
	4										
	5										
	6										
	7										
	8										
	9										
	10										
	平均										

续表 9-1

处理浓度	调查株号	株高/cm			雌花数/朵			第一雌花节位			备注
		I	II	III	I	II	III	I	II	III	
200 mg/L	1										
	2										
	3										
	4										
	5										
	6										
	7										
	8										
	9										
	10										
	平均										
400 mg/L	1										
	2										
	3										
	4										
	5										
	6										
	7										
	8										
	9										
	10										
	平均										

续表9-1

处理浓度	调查株号	株高/cm			雌花数/朵			第一雌花节位			备注
		Ⅰ	Ⅱ	Ⅲ	Ⅰ	Ⅱ	Ⅲ	Ⅰ	Ⅱ	Ⅲ	
CK	1										
	2										
	3										
	4										
	5										
	6										
	7										
	8										
	9										
	10										
	平均										

调查人： 调查日期：

五、实验结果的生产应用

利用实验获得的适宜浓度,可进行黄瓜制种的实际应用。一般喷药2～3次,控制母本植株20节以下发生的基本上是雌花,任其与父本系自然授粉杂交[父母本比例按1∶(2～4)栽植],当种瓜成熟后采得的种子即为杂交种。此外,还应注意合理确定父母本花期,使父本雄花先于母本雌花开放;进入现蕾阶段后经常检查并摘除母本植株上出现的少量雄花。

六、作业及思考题

1.每人写一份化学杀雄黄瓜制种技术实验总结。

2.利用化学杀雄制种的优、缺点是什么?

(编者:汪国平)

实验10　园艺植物雌性系化学诱雄技术

一、实验目的

学习黄瓜雌性系化学诱雄方法,掌握雌性系在瓜类杂交一代制种技术中的应用方法。

二、实验原理

一些雌雄异花同株园艺植物的性型表现出多样化特点,例如在黄瓜上,存在纯雌株、强雌株、纯雄株、雌雄同株、纯全株(全部是两性花)、雌全同株、雄全同株、雌雄全同株等类型,其中纯雌株、强雌株通过定向选育,可以培育成雌性系,用它作杂交母本,可免除人工去雄的麻烦。

利用雌性系制种需要解决雌性系的繁殖保存问题,有人使用扦插、组织培养、嫁接等方法,或用配套的全同株系授粉,但更多地利用化学药剂处理诱导雌性系产生雄花。

植物的性型分化与激素代谢有关,诱雄的化学药剂本身是激素类物质或参与调节植物体内激素代谢。性别分化一般经过无性期、两性期和单性期3个发育阶段,在两性期之前性别还没有决定,而一旦进入了单性期,分化程序就相对稳定,向既定的雌或雄方向发育成单性花。所以利用化学药剂调控性别,在性别决定的两性期之前应用,才能达到预期的效果。

目前国内常用的诱雄剂为赤霉素、硫代硫酸银、硝酸银3种。不同作物雌性系对诱雄剂的反应不同,处理浓度和时期对诱雄效果也有影响,需要通过试验找到最适宜的诱雄剂及其使用浓度和方法。

三、材料及用具

植物材料:黄瓜雌性系幼苗。

试剂及用具:赤霉素、硫代硫酸钠、硝酸银;手持小型喷雾器、天平、量筒、标签牌、卷尺等。

四、方法与步骤

(一)药剂配制

赤霉素(GA_3):设250 mg/L、500 mg/L、1 000 mg/L 3个浓度水平,以清水作

对照。称取所需量的试剂,用少量酒精溶解,再用蒸馏水稀释至规定浓度,先配高浓度药液,再依次稀释。

硫代硫酸银($Ag_2S_2O_3$):设 Ag^+ 浓度为 500 mg/L、1 000 mg/L 和 2 000 mg/L 3 个浓度水平,以清水作对照。配制时取 24 g 硫代硫酸钠溶于 500 mL 蒸馏水中,充分溶解(容器 1);再将 2 g 硝酸银溶于 500 mL 蒸馏水中(容器 2),而后将硝酸银溶液非常缓慢地倒入硫代硫酸钠溶液中,边倒边搅拌,即配成了 Ag^+ 浓度为 2 000 mg/L 硫代硫酸银溶液。以该溶液为母液,再依次稀释配制其他浓度。

硝酸银($AgNO_3$):设 150 mg/L、300 mg/L 和 500 mg/L 3 个浓度水平,以清水作对照。硝酸银易见光分解,需要现用现配,用天平称取所需量的试剂后,用蒸馏水溶解至规定浓度。配制和使用过程中注意遮光,药液用棕色瓶盛装。

(二)用药时期、次数和方法

当黄瓜幼苗一叶一心和三叶一心时进行喷雾处理,共处理两次,可在育苗期间在苗床集中处理后移栽,也可直播后在田间处理。处理时于晴天上午 10:00 左右用喷雾器向叶面轻轻喷洒药液,至叶面布满液滴为止,两次处理方法相同。全班分成 3 组,每组使用一种药剂进行处理。

(三)观察记载

2～3 位同学一组,各处理随机取长势较为一致的 10 株作田间观察。处理 1 周后调查药害情况和死株率,在生长期内分别调查每株 10 节以内的雌花数量、雄花数量、雌花节数、雄花节数、每节雌雄花数,于伸蔓期(生长前期)调查诱雄剂处理对黄瓜植株株高的影响。

五、实验结果分析

实验中需要考虑及注意观察以下几点。

1. 药剂的价格及有效成分的稳定性

赤霉素价格低廉,配制容易,使用方便,诱雄效果持续时间长;硝酸银原药价格高,配成的溶液中银离子不稳定,易见光分解,需现配现用,而且在配制和使用过程中必须用棕色瓶盛装,实际应用中较为不便;硫代硫酸银是一种稳定的银离子,与硝酸银比较,诱雄效果较好,且溶液的稳定性提高,使用方便,但配制步骤相对复杂。

2. 徒长现象

赤霉素诱雄经常观察到徒长现象,处理后的植株叶片、叶柄比对照生长速度加快,节间增长,前期徒长严重;而且雄花细小,花粉较少。

3.药害问题

诱雄效果随浓度增加而增加,但是浓度过高容易造成植株死亡、生长缓慢,影响产量,而且成本也过高。顾兴芳等(2003)报道,黄瓜雌性系诱雄用药剂处理得越晚雄花出现越晚,药剂处理越早死株率越高的趋势。早春播种的,喷药期间环境温度低于18℃,易导致幼苗猝倒死亡,死亡率以硝酸银处理最高,GA处理次之,硫代硫酸银处理最低;当环境温度升高,喷药期间的温度在18℃以上时,喷药后幼苗死亡率明显下降。

4.雄花植株率、雄花节位与每节雄花数

GA一般能使受处理的每个植株都产生雄花,但硝酸银、硫代硫酸银处理出现雄花的植株比率有时不能达到100%。与GA相比,硝酸银、硫代硫酸银处理诱导雄花出现的节位一般较低,每节平均雄花数也较多,单株雄花总朵数也比较多。

5.实际应用方法

在隔离条件下大量繁殖制种用雌性系时,为避免植株受药害影响长势,没有必要对所有植株进行诱雄处理,喷与不喷的植株比例为1∶3(即每隔3行喷1行),为使花期相遇,喷诱雄剂的植株需提早播种(春季提早10～15 d,夏季提早5～7 d),在田间淘汰杂株劣株,保持纯度。利用雌性系制种,父母本的行比是1∶(2～3),母本行植株上收获的种子即为杂种。

六、作业及思考题

1.每人写一份利用化学诱雄技术繁殖黄瓜雌性系实验总结。

2.利用化学诱雄技术繁殖雌性系的优点、缺点是什么?

(编者:汪国平)

实验11　果树良种苗木的鉴定与检验

一、实验目的

了解果树良种苗木生产和苗圃管理的基本情况,熟悉果树良种苗木的鉴定与检验的基本过程和内容,掌握苹果等落叶果树良种苗木的鉴定与检验方法。

二、实验原理

果树苗木是发展果树生产的基本材料。果树苗木的纯度和质量直接关系到优良品种的推广效果,关系到果园的经济效益。果树良种苗木的鉴定与检验是果树良种繁育工作的一个重要环节。

果树种类繁多,生长习性各异,优良品种的繁殖途径和方法也不同。就落叶果树来说,苹果、梨、李、杏、桃等是以嫁接繁殖方法为主,葡萄、穗醋栗、醋栗、越橘、猕猴桃等以扦插繁殖方法为主,树莓等以根蘖繁殖方法为主,草莓则以匍匐茎繁殖方法为主。另外像草莓、苹果、越橘、大樱桃砧木等果树树种还普遍采用组织培养方法繁殖苗木。采用组织培养方法除了加快新品种和良种繁殖速度,还可以培养和繁殖无病毒苗木(如草莓、苹果等)。

果树良种苗木鉴定的主要目的是确定品种的真实性和纯度,淘汰混杂单株和变异单株,从而保持和提高优良品种的种性。以无性繁殖的果树苗木,混杂单株主要通过机械混杂造成,如在接穗的采集保存、种苗生产和调运等环节,由于工作疏忽大意和管理不严格,致使其他品种混入,从而造成混杂,影响群体性状的一致性。而变异单株主要来自微突变的发生,并以嵌合体形式保存在营养系品种中,在生产和繁殖过程中缺乏经常性选择就容易将一些劣变材料混在一起繁殖,引起品种退化。鉴定主要是通过植株形态特征、生物学特性观察等对品种加以甄别,必要时可采用细胞生物学(染色体观察等)、生物化学(同工酶分析等)、分子生物学(DNA 鉴定等)技术。

果树良种苗木检验的主要目的是对生产的苗木或引种的苗木进行质量检查,以确定苗木等级和是否带有植物检疫对象。检验主要依据国家或地方制定的各个树种苗木出圃标准和苗木产地检疫规程。没有制定苗木统一标准的树种,可以自行制定标准。

鉴定果树苗木的纯度方法大致相同,而评价果树苗木质量的方法和标准却不尽相同。因此,果树苗木鉴定与检验方法还应根据树种或品种的繁殖途径与方法而定。

三、材料及用具

(一)材料
乔化砧、矮化中间砧或矮化自根砧苹果苗圃和苗木。
(二)用具
游标卡尺、米尺、量角器、标签、修枝剪、记录纸和笔。

四、实验内容

本实验内容分苹果良种苗木的鉴定和检验两部分。选取有代表性的苹果苗圃,在生长季节对苹果嫁接苗木进行品种纯度的鉴定,在秋季苗木出圃期间对苹果嫁接苗木质量进行检验,对该苗圃苗木纯度和苗木质量给出总体评价,综合分析出现的问题,提出改进方法。每4~5人一组。

五、方法与步骤

(一)苗木鉴定

为保证良种的典型性和纯度,通常要在苗木生长期和苗木出圃期各鉴定一次。苗木生长期的鉴定要在枝条停止生长到落叶前进行,此时枝叶性状有充分表现,是品种苗木鉴定比较理想的时期。苗木出圃期通常叶片枯萎脱落,可用于品种识别的性状较少。

1.熟悉品种与砧木的特征特性

在鉴定之前要熟悉欲鉴定的品种与砧木的主要特征特性。根据品种之间的差别,选择其中容易区别品种的几项主要特征特性,如枝条颜色、皮孔特征、茸毛多少、节间长短、分枝角度,叶片大小、形状、厚薄、茸毛多少、叶缘形状、叶柄特征,芽的特征,新梢停止生长早晚,落叶早晚等。

2.划分检查区

以品种为单位划分检查区,超过 0.33 hm² 的选 2 个检查区,超过 0.67 hm² 的选 3 个检查区,每个检查区内苗数以 500~1 000 株为宜。

3.取样检查

在划定的检查区内,按照确定的取样方法,画出取样点。每个检查区内受检查的株数不应少于检查区苗木总数的 30%。苗圃面积很大时,可以每个组负责一个检查区。对取样点的植株进行典型性和纯度调查。把混杂的苗木系上标签,或集中挖出。做好记录,统计品种苗木纯度。

品种苗木纯度=(纯正品种苗木数量/调查品种苗木总数量)×100%。

通常作为商品生产用苗,纯度要求在 95% 以上。作为繁殖用的母本材料纯度要达到 100%。

4.苗木生产基本信息调查

通过对生产管理者的调查,了解苗木接穗与砧木的来源、生产过程与环节等基本信息,为分析品种苗木纯度提供依据。

（二）苗木检验

在苗木出圃期间进行苗木检验。实验依据农业部提出的《苹果苗木》（GB 9847—2003）、《苹果无病毒母本树和苗木检疫规程》（GB 12943—2007）和《苹果苗木产地检疫规程》（GB 8370—2009）等有关标准进行。

1. 准备工作

首先了解标准中的有关名词概念，其次规范调查方法和熟悉等级规格指标。《苹果苗木》（GB 9847—2003）中涉及的主要名词概念如下。

一年生苹果苗：指砧木苗嫁接品种后，经过一个生长季的生长发育，然后出圃的苹果苗。

检疫对象：包括苹果棉蚜、苹果蠹蛾和美国白蛾。

接合部：指各嫁接口。

砧桩剪口：指各嫁接口上部的砧段剪除后留下的伤口。

侧根：指从实生砧主根和矮化自根砧地下茎段上直接长出的根。

侧根粗度：指侧根基部 2cm 处的直径。

侧根长度：指侧根基部至先端的长度。

根砧长度：指砧的根茎部位至基部嫁接口的距离。

乔化砧苹果苗：指乔化砧苗嫁接苹果品种后培育而成的苹果苗。

矮化中间砧苹果苗：指矮化中间砧苗嫁接苹果品种后培育而成的苹果苗。

矮化自根砧苹果苗：指矮化自根砧苗嫁接苹果品种后培育而成的苹果苗。

中间砧长度：指矮化中间砧苹果苗从中间砧嫁接口至品种嫁接口的距离。

苗木高度：指根茎部位至嫁接品种茎先端芽基部的距离。

苗木粗度：指品种嫁接口以上 10 cm 处的直径。

倾斜度：指嫁接口上下茎段之间的倾斜角度。

整形带：指根茎部位以上 60～100 cm。

饱满芽：指发育良好的健康芽。若整形带内发生副梢，则每个木质化副梢也计一个饱满芽。

苹果无病毒苗木：指用无病毒接穗和无病毒砧木繁育的苹果嫁接苗或用无病毒材料通过组织培养方法繁殖的苹果自根苗。

苹果苗木共分 3 级，等级规格指标见表 11-1。如果是苹果无病毒苗木，要求不得带有苹果绿皱果病毒、苹果锈果类病毒、苹果花叶病毒、苹果退绿叶斑病毒、苹果茎痘病毒和苹果茎沟病毒（参见 GB/T 12943—2007《苹果无病毒母本树和苗木检疫规程》）。苹果的部分检疫性有害生物包括苹果棉蚜、苹果蠹蛾、美国白蛾、苹果黑星病、李属坏死环斑病毒（参见 GB 8370—2009《苹果苗木产地检疫规程》）。

表 11-1　苹果苗木等级规格指标*

项目		一级	二级	三级
基本要求		品种与砧木种类纯正,无检疫对象和严重病虫害,无冻害和明显机械损伤,侧根分布均匀舒展,须根多,接合部和砧桩剪口愈合良好,根和茎无干缩皱皮。		
$D\geqslant0.3$ cm、$L\geqslant20$ cm 的侧根**/条		$\geqslant5$	$\geqslant4$	$\geqslant3$
$D\geqslant0.2$ cm、$L\geqslant20$ cm 的侧根***/条		$\geqslant10$	$\geqslant10$	$\geqslant10$
根段长度/cm	乔化砧苹果苗	$\leqslant5$	$\leqslant5$	$\leqslant5$
	矮化中间砧苹果苗	$\leqslant5$	$\leqslant5$	$\leqslant5$
	矮化自根砧苹果苗	15~20,但同一批苹果苗木变幅不得超过5		
中间砧长度/cm		20~30,但同一批苹果苗木变幅不得超过5		
苗木高度/cm		>120	100~120	80~100
苗木粗度/cm	乔化砧苹果苗	$\geqslant1.2$	$\geqslant1.0$	$\geqslant0.8$
	矮化中间砧苹果苗	$\geqslant1.2$	$\geqslant1.0$	$\geqslant0.8$
	矮化自根砧苹果苗	$\geqslant1.0$	$\geqslant0.8$	$\geqslant0.6$
倾斜度/(°)		$\leqslant15$	$\leqslant15$	$\leqslant15$
整形带饱满芽数/个		$\geqslant10$	$\geqslant8$	$\geqslant6$

注:1)* 引自《苹果苗木》(GB 9847—2003),略有调整。

　　2)** 指乔化砧苹果苗和矮化中间砧苹果苗的侧根。其中,D 指侧根的粗度;L 指侧根的长度。

　　3)*** 指矮化自根砧苹果苗的侧根。

2.苗木分级归类

按照苗木标准和对苹果苗木等级状况的认知程度进行分类,分出一级、二级、三级和等外苗木。一级苗木中有一项达不到标准要求的即降到二级,二级苗木中有一项达不到标准要求的即降到三级,依此类推。统计该苗圃各级别苗木百分率。如果苗木为已知等级苗木,则可直接进行抽样检查。每组保证一级或二级苗木数量 500 株左右。

3.抽样检验

采用随机抽样方法,每组学生取约 500 株同级别的苗木,按抽样率 10% 进行抽样,按照表 11-1 的等级指标进行检验。

检验的方法,用游标卡尺测定苗木粗度和侧根粗度,用米尺测定侧根长度、根砧长度、中间砧长度、苗木高度,用量角器测定苗木倾斜度。

检验的原则,凡是品种和砧木相同、一次出售的苗木作为一个检验批次。等级规格检验以一个检验批次为一个抽样批次。每一个检验批次中不合格苗木不得超过5%,否则即认定该批苹果苗木不符合本等级规格要求,为不合格苗木。

如果苗木数量有变化,按照下面的抽样率进行抽样。苗木数量超过10 000株按抽样率4%检验,5 001～10 000株按抽样率6%检验,1 001～5 000株按抽样率8%检验,101～1 000株按抽样率10%检验,11～100株检验10株,低于11株者全部检验。

请参照表11-1编制表格,将检验数据填入编制的表格中,统计苗木合格率。

4.苗木生产基本信息调查

通过对生产管理者的调查,了解苗木嫁接、田间管理等生产环节和技术措施。

六、实验结果分析

(一)苗木鉴定

调查统计出该苗圃品种苗木纯度(%),结合调查苗木生产过程、来源等信息,归纳总结保证苗木纯度的成功经验;或分析产生品种混杂的可能原因,提出保证品种纯度的有效措施和方法。

(二)苗木检验

分析所调查苗圃苗木的等级比例,评价出圃苗木的总体质量和苗圃的管理水平。了解和总结该苗圃管理的成功经验;或分析造成苗木质量不高的可能原因,提出改进的方法和措施。分析苗圃苗木有害生物种类、发生情况以及防治措施的有效性,并提出改进意见。

七、作业及思考题

(一)作业

根据调查的实验数据资料,对苗木鉴定和检验的结果进行分析,就果树苗木鉴定和检验的技术和过程提出意见或建议。

(二)思考题

1.根据哪些主要特征特性来区别和鉴定苹果品种苗木?

2.如何防止果树品种混杂退化?

3.提高苗木质量主要应注意哪些生产技术环节?

(编者:张志东)

实验 12　花卉良种苗木的鉴定与检验

一、实验目的

花卉苗木是花卉生产及城镇园林绿化的物质基础,种苗的质量直接影响花卉最终产品的产量和质量,是构成经济效益和社会效益的重要因素。本实验旨在通过对几种常见花木质量的鉴定和评价,了解花卉良种苗木的主要评价指标,掌握鉴定和检验花卉良种苗木的质量标准和主要方法。

二、实验原理

花卉苗木的质量是保证花卉规模化生产以及景观形成的关键要素。作为品质优良的苗木,除应具有良好的遗传品质外,还必须具有良好的栽培品质,即我们常说的壮苗,表现为苗株发育健壮,生活力旺盛,对逆境适应性较强,移植成活率高,栽植后缓苗快、生长迅速;对使用群体的花卉苗木而言,还表现为群体株型整齐,成花均匀,花期一致。

衡量苗木质量的指标主要包括苗木的物质指标和性能指标两大部分。其中苗木的物质指标是可以借助工具和仪器进行直接测定的,包括苗木的形态指标和生理指标,间接反应苗木的质量;而苗木的性能指标则是苗株处于特定环境条件下植株的表现状况,是苗木质量的直接体现。花木良种必须同时具备良好的物质指标和性能指标。目前研究表明,苗木形态指标、生理指标和苗木活力的表现指标是评价苗木质量的三个主要方面。

优良苗木的主要形态指标标准描述如下。

1. 木本优良花卉苗木通常具有的外部形态特征

(1) 根系发达,具有较多的侧根和须根,主根短而直,不弯曲,根幅大。

(2) 苗木粗而直,有一定高度,上下均匀,充分木质化,枝叶繁茂,色泽正常,顶芽完整健壮。

(3) 苗木的根冠比大,重量大。

(4) 无病虫害和机械损伤。

(5) 萌芽力弱的针叶树种要有发育正常而饱满的顶芽,顶芽无明显秋生长现象。

2. 优良草本花卉苗木通常具有的外部形态特征

(1) 根系健全,须根发达,颜色淡,无死根。

(2)苗木茎干粗壮或叶片肥大油绿,株型丰满匀称。

(3)无病虫害和机械损伤。

(4)苗木整齐度高,姿态均匀,群体表现优。

三、材料及用具

（一）花木试材

1.乔木类

可选择雪松种子苗、雪松扦插苗、樱花 2 年或 3 年生苗、紫玉兰嫁接苗和分蘖苗等。

2.灌木类

供选花木有紫薇苗、紫荆苗、木槿苗、瓜子黄杨、红叶小檗、小龙柏嫁接苗等。

3.一二年生草本花卉

矮牵牛、万寿菊、一串红、三色堇、雏菊等。

4.宿根类花卉

大花萱草、鸢尾、地被菊、宿根福禄考等。

（二）仪器用具

游标卡尺、卷尺、百分之一电子天平、水势计、烘箱、冷藏室或冰箱等。

四、实验内容

1.苗木外部形态指标的测定

苗木外部形态特征是植株内部生理状况的外在体现,由于其直观易测,在生产中应用普遍,是苗木质量评价的主要方法。

(1)地上性状指标的测定

苗木高度:是苗木主干高度到顶芽基部的长度。

地径:即地际直径。地径越大,苗木越粗壮。

干径比:即苗木茎干的高度与胸径的比值,比值越小,苗木越粗壮。也可以采用徒长度表示,即 1/2 苗高与 1/2 苗高处的茎干粗度比。

弱度:是指苗高与地上部分干重之比,弱度值越大说明苗木越纤细。

叶片数:有些草本花卉没有茎干,可以通过形成的叶片数量来表示幼苗生长情况。

分枝数:即分生侧枝的数量,表示苗木的萌芽率与成枝率的高低,尤其是经摘心培育的苗木,要求分枝要达到一定标准,才能形成优良的商品苗。

干重/鲜重(DW/FW):即地上部分烘干重量与鲜重比,比值越大,说明苗木碳水化合物的贮藏水平越高,质量越好。

单位面积的叶重:代表叶片的营养水平。

（2）地下性状指标的测定

根系结构:不同花木根系形态不同,有的为须根系,有的为直根系,要根据花木的不同种类确定合理的根系结构组成。其中细根比例对苗木生长影响较大,尤其对苗圃地培植的多年生大苗,要求细根量越多越好。

根系长度:指主根、侧根以及须根的长度。

（3）地上地下混合指标测定

根冠比:即地下部分鲜重与地上鲜重的比,根冠比越大,苗木越健壮,对逆境的适应性也越强。

$$\mathrm{Dickson} \text{ 质量指数} = \frac{\text{苗木总干重（g）}}{\dfrac{\text{苗高（cm）}}{\text{地径（cm）}\times 10} + \dfrac{\text{地上重（g）}}{\text{地下重（g）}}}$$

2.苗木生理指标的测定

（1）苗木含水量测定:苗木体内水分状况反映苗木的生活力水平,当水分含量下降到一定水平,苗木的生活力就会受到严重影响。水势可以作为衡量苗木含水量比较准确的一个指标。苗木水势的测定目前普遍采用 Scholander 等介绍的压力室法。

（2）碳水化合物测定:碳水化合物是苗木光合产物的主要贮藏形式。在苗木贮藏过程中,植株体内的碳水化合物水平逐渐降低,苗木质量呈下降趋势。通过测定苗木碳水化合物水平,可以准确定位苗木的质量。

（3）苗木芽体的休眠状态:作为质量优良的花卉种苗,尤其是木本花卉,处于休眠态的芽体对苗木质量的保持具重要作用。

3.苗木活力表现指标的测定

（1）根生长潜力的测定:这项指标的测定主要是预测苗木在远途运输、移栽后苗木根系的发根潜力,是花卉苗木质量鉴定的重要指标之一。

（2）抗逆指标测定:包括抗旱、抗寒能力,是苗木内在活力水平的体现。

五、方法与步骤

1. 苗木外部综合形态指标的测定

（1）选取 2 年生雪松种子苗和扦插苗各 6 株,使用卷尺及游标卡尺测定株高、干径比或徒长度,计算单株分枝数,测算主根、侧根以及直径 3 mm 以下的细根量,根冠比或 Dickson 指数,比较种子苗与扦插苗的差异(有条件可以再测定多代扦插苗的差异)。

(2)选择紫荆、紫薇、木槿或瓜子黄杨、小龙柏等具丛生习性的 2～3 年生灌木 6～10 株,观察并记录测定花木的分枝习性,以及分枝粗度、长度、芽体饱满度以及芽体休眠性。

(3)选取 8～10 株一二年生草本花卉幼苗,测算每株叶片数、单位面积叶片重量,鲜重、干重;使用流水冲刷掉根部附着的土壤或基质,测定每株根系组成、每克根中根的条数、总长。

2.苗木生理指标的测定

(1)苗木含水量测定:选取外观性状基本相近的木本花卉若干,从起苗时开始测定水势,每天检测一次,直至苗木含水量达到平衡。水势测定方法参见植物生理学实验。

(2)贮藏营养水平的测定:选取一年生以及二年生花卉苗木,茎干剪碎混合置于烘箱 105℃杀青 10 min,70℃烘干至恒重待用,采用蒽酮比色法测定干样中可溶性糖的含量。

3.苗木活力表现指标测定

(1)根生长潜力的测定:选择 1～2 年生木本花卉幼苗,起苗后去掉所有新根尖,将苗木栽植于容器中(可以使用水培的方法),置于最佳生态条件下,2～4 周后取出,并检测发生新根数量或生长情况。

(2)抗逆性指标测定:苗木样品处理同 2。测定游离脯氨酸含量(酸性水合茚三酮显色法)、测定游离氨基酸总量(氰酸盐-水合茚三酮显色法)。

六、实验结果分析

1.苗木繁殖方式导致的种苗质量的差异
分析种子苗与扦插苗生长的差异性,从质量表现对此类花卉苗木检测给出鉴定标准。

2.花卉苗木外观质量综合性状分析
从地上、地下两方面进行分析。

3.花卉苗木生理指标分析
结合外观性状进行综合分析,掌握良种苗木外在及内部指标的联系及区别。

4.良种苗木鉴定通用标准制定及辅助指标的检测分析

七、作业及思考题

1.评价花卉苗木质量的主要指标有哪些?
2.如何从花卉苗木根系结构及形态判断种苗的生长状态?

（编者:赵飞）

实验13　蔬菜良种种子播种品质检验

一、实验目的

了解种子检验在农业生产上的意义;掌握蔬菜种子播种品质检验的原理、内容与方法步骤。

二、实验原理

种子是农业生产最基本的生产资料,其质量优劣直接关系到农民增收、农村稳定和农业发展,影响着国计民生。科学、标准和有效的种子检验技术则是控制种子质量重要手段,对提高种子种用价值,保障种子生产、使用、流通及贸易秩序有着重大意义。

为此,国际、国家及地方性种子检验标准相继出台,并不断修订更新。目的是统一种子检验的技术条件,提供科学、实用的检测依据,保证检测结果的一致性、准确性和重演性,从而客观、真实地反映种子质量。1931年国际种子检验协会(International Seed Testing Association,简称ISTA)颁布了《国际种子检验规程》第一版,已经过了多次修订,成为国际种子贸易所遵循的准则。通常ISTA年会和常规会议会对《国际种子检验规程》现行版进行讨论修订,由各会员国所授权指定的代表,对各个专业技术委员会讨论提交的修订案进行投票表决,表决通过的规程修订部分替换原来相应的内容,编入下年版本,于下年1月1日正式采用执行。我国1976年颁发了《农作物种子检验办法》《主要农作物种子分级标准》和《主要农作物种子检验技术和操作规程》(试行)等相关文件,现行国家标准为《GB/T 3543—1995农作物种子检验规程》。

种子播种品质检验为种子检验的主要内容之一。它是根据蔬菜种子的外部形态特征、内在的生理生化状态以及给定条件下的生长发育表现,对发芽率、净度、千粒重等品质指标进行测定,鉴定其是否符合播种要求,判断其种用价值的一套科学的、标准的方法体系。

三、材料及用具

（一）材料

2、3种蔬菜种子送验样品各一份(如甘蓝、西瓜和辣椒种子)。

（二）用具

种子净度观察台(可用表面平滑的木桌、水泥台或实验台代替)、分样器(可选)、天平(或电子天平)、套筛、小碟(或培养皿)、镊子、放大镜、毛刷(或毛笔)、光照培养箱、数种设备(可选)、滤纸或砂、电热恒温鼓风干燥箱、铝盒、坩埚钳、干燥器。

四、实验内容

蔬菜种子播种品质包括净度、发芽力、含水量、千粒重、生活力、活力及健康程度等各项指标。在我国种子检验项目中,前三项指标为必检项目,本实验主要针对此三项指标进行分析测定。

（一）净度分析

种子净度分析主要是测定供检样品中净种子、其他植物种子和杂质三种成分的质量百分数。

1.净种子

除已变成菌核、黑穗病孢子团或线虫瘿外,下列构造中,即使是未成熟的、瘦小的、皱缩的、带病的或发过芽的种子,如果能明确鉴别出它们是属于所分析的种,则认为是净种子。

（1）完整的种子单位,即通常所见的传播单位。

（2）大于原来大小一半的破损种子单位。

但在上述原则下,个别种属中也有例外情况,如种皮完全脱落的豆科、十字花科种子应归为杂质。

净种子鉴定的具体标准可参见《1996国际种子检验规程》(以下简称《规程》)。

2.其他植物种子

除净种子以外的任何植物的种子单位。区分其与杂质时,则可采用净种子定义所规定的区别特征。但也有例外情况,如菟丝子属的种子单位脆而易碎,呈灰白色以至乳白色,列为杂质。

3.杂质

除净种子和其他植物种子外的种子单位和所有其他物质及构造。

（1）非常明显不含真种子的种子单位。

（2）破裂或受损的种子单位的碎片为原来大小的一半及其以下的。

（3）按该种的净种子定义，不将这些附属物归为净种子的部分；在净种子定义中尚未提及的附属物。

（4）种皮完全脱落的豆科、十字花科蔬菜的种子。

（5）对于豆科，不管是否附着胚芽胚根的胚中轴和/或是否超过原来大小一半，凡是分离的子叶均为杂质。

（6）脆而易碎，呈灰白色以至乳白色的菟丝子属种子。

（二）含水量测定

种子含水量是影响其生活力和安全贮运的一个重要指标。前人研究表明，大多数耐干燥贮藏的作物种子含水量为 5％～14％，每增加 1％水分含量，就可使种子寿命缩短 1 倍。目前，最常用的种子含水量测定方法有烘干减重法（如低温干燥法、130℃高温快速法和高水分预先烘干法）和电子水分速仪测法。国际规程和我国规程规定的测定方法为烘干减重法，至于采用低温干燥还是高温干燥、是否需要预先烘干，则与种子的主要化学组成、体积大小有关。若种子油分含量较高，温度过高，则油分易挥发，使样品水分散失量增加，水分百分率的计算结果偏高。所以应根据种子特点，选择适宜测定方法。

（三）发芽力测定

其目的是测定种子批发芽的最大潜力，估测田间种子用价。通常以发芽势和发芽率来表示。前者是指在发芽试验初期规定的日期内，正常发芽的种子数占供试种子数的百分率，表示种子生命力强弱。发芽率指在发芽试验终期，长成正常幼苗的种子数占供试种子数的百分率，表示种子的出苗率高低。

《规程》对种子的发芽和出苗正常标准给出了规定。

1. 正常幼苗

指在良好土壤及适宜的水分、温度和光照条件下，具有继续生长成为良好植株潜力的幼苗。

（1）完整幼苗：幼苗所有主要构造生长良好、完全、匀称和健康。

（2）带有轻微缺陷的幼苗：幼苗的主要构造出现某种轻微缺陷，但在其他方面仍能比较良好而均衡地发育，可以比得上同一试验中的完整幼苗。

（3）次生感染的幼苗：幼苗明显地符合上述的完整幼苗和带有轻微缺陷幼苗的要求，但已受到来自种子本身的真菌或细菌的病源感染。

2. 不正常幼苗

指生长在良好土壤及适宜的水分、温度和光照条件下，表现不能生长成为良好植株潜力的幼苗。

（1）损伤的幼苗：幼苗的任何主要构造残缺不全，或受严重的和不能恢复的损伤，以至于不能均衡生长者。

（2）畸形或不匀称的幼苗：幼苗生长细弱，或存在生理障碍，或其主要构造畸形或不匀称者。

（3）腐烂幼苗：由初生感染（病源来自种子本身）引起的幼苗的主要构造的发病和腐烂，以致妨碍其正常生长者。

3.不发芽的种子

指在规定条件下试验时，末期仍不能发芽的种子。

（1）硬实：由于不能吸水而在试验期末仍保持坚硬的种子。

（2）新鲜种子：在发芽试验条件下，既非硬实，又不发芽而保持清洁和坚硬，具有生长成为正常幼苗潜力的种子。

（3）死种子：在试验末期，既不坚硬，又不新鲜，也未产生幼苗生长迹象的种子。

五、方法与步骤

（一）试样的分取

（1）查阅《规程》对种子净度分析、发芽试验和水分测定试样用量的规定，计算整个实验中每种蔬菜测定以上指标所需用种总量。

（2）据上述结果，将每种蔬菜种子送验样品各自充分混匀，用分样器分取一份（若无分样器也可于平滑的检验桌、水泥台或实验台上用四分法分取试样）。

需要说明的是：由于本试验要对净度分析后的试样进行发芽试验和水分测定，因而取样量不只是达到《规程》要求的净度分析样量最小值，还应同时满足《规程》对后两项指标测定的样量要求。

（二）重型混杂物的分离称重

（1）将满足上述要求的样品称重，记为 M_T。

（2）挑出与供验种子大小或重量上有明显差异且严重影响测定结果的混杂物（如土块、小石块或小粒种子中混有的大粒种子等）后称重，记作 M；再将挑出的重型混杂物分离为其他植物种子和杂质分别称重，记作 M_1，M_2。

（三）试样的分离

根据种子大小选择适宜套筛，筛底盒在下，小孔筛居中，大孔筛在上，置入试样筛动 2 min 后，将各层筛及底盒的分离物倒在检验桌上，鉴别出净种子、其他植物种子、杂质，分别称重，记作 M_p，M_o，M_i。

（四）含水量测定

1.低温干燥法

适用于葱属、芸薹属、辣椒属、萝卜、茄子等蔬菜种子，且室内相对湿度必须低于 70%。

（1）将铝盒及盒盖标号，于烘箱内 130℃ 下烘干 1 h，干燥器内冷却后迅速称重,记作 m。

(2)烘箱预热至115℃。

(3)从步骤(三)即净度分析后获得的净种子中,用电子天平(感量为0.001 g)称取2份试样,各4.5~5.0 g(此处若用直径等于或大于8 cm以上的铝盒,试样量则为10 g),置于标号的铝盒中摊匀,称重,记作 m_1。

(4)将装样的铝盒迅速置于盒盖上放入预热的烘箱,5~10 min,将温度调至(103±2)℃,烘干8 h,盖好盒盖,用坩埚钳取出,于干燥器内冷却30~45 min后称重,记作 m_2。

2.130℃高温干燥法

适用于芹菜、石刁柏、甜菜、西瓜、甜瓜属、南瓜属、胡萝卜、莴苣、番茄、菜豆属、菠菜等蔬菜种子。

方法同上,只是烘箱预热温度为140~145℃,烘干时保持温度为130~133℃,试样烘干时间缩短为1 h。

注:国际规程和我国规程在低温干燥法的烘干时间上有差别,前者为(17±1) h,后者为8 h。

(五)发芽力测定

(1)从步骤(三)即净度分析后获得的净种子中,随机数取400粒种子,以100粒为一个重复,大粒种子也可分成50粒或25粒的副重复。复胚种子可视为单粒种子进行试验,不需要剥离分开(芫荽例外)。

(2)据《规程》规定,对不同类别的蔬菜种子选择适宜的发芽床、温度、计数天数等测试条件。如在芽床的选择上,通常是小粒种子宜用纸床,中粒种子选用纸床、砂床,大粒种子选用砂床或纸间。

(3)将数好的种子均匀等距地排列在选好的芽床上,于规定条件下培养,并在盛有种子的培养皿座体上标明日期、样品号、重复次数等。一定不要标注在培养皿的上盖上,以免拿错盖,造成数据统计错误。

(4)发芽期间应保持芽床湿润和良好的通风条件,并定期检查。

六、实验结果分析

(一)净度分析

$$P_1 = \frac{M_p}{M_p + M_o + M_i} \times 100\%$$

$$I_1 = \frac{M_i}{M_p + M_o + M_i} \times 100\%$$

$$OS_1 = \frac{M_o}{M_p + M_o + M_i} \times 100\%$$

式中:P_1 表示去除重型混杂物后试样净种子百分率,I_1 去除重型混杂物后表示杂质百分率,OS_1 去除重型混杂物后表示其他种子百分率。

由已测得的 M、M_1、M_2,可对含有重型混杂物样品的最终净度进行如下换算:

$$净种子: \qquad P_2 = P_1 \times \frac{M_T - M}{M_T}$$

$$杂质: \qquad I_2 = I_1 \times \frac{M_T - M}{M_T} + \frac{M_2}{M}$$

$$其他植物种子: \qquad OS_2 = OS_1 \times \frac{M_T - M}{M_T} + \frac{M_1}{M}$$

将各成分的百分率相加,总和应为 100.0%,若不是,则应从百分率最大值上加减 0.1% 进行修约。但应注意修约值大于 0.1% 时,需检查计算有无差错。

（二）含水量测定

$$W = \frac{m_1 - m_2}{m_1 - m} \times 100\%$$

式中:W 为种子含水量;若一个样品的两份测定之间的差距不超过 0.2%,其结果可用两份测定的算术平均数表示。否则需重新实验。

（三）发芽力测定

试验结果以发芽种子粒数的百分率表示。若 4 次重复应满足规定的容差,则以其平均数作为最终结果。复胚种子单位作为单粒种子计数,试验结果用至少产生一个正常幼苗的种子单位的百分率表示。

但试验中出现如下任何一种情况,均应重新试验:

（1）当怀疑种子有休眠存在时（新鲜不发芽种子）。

（2）当由于植物毒素或真菌或细菌蔓延而试验结果不一定可靠时。

（3）当正确鉴定幼苗数有困难时。

（4）当有证据表明试验条件、幼苗评定或计数存在差错时。

（5）当 100 粒种子重复间的差距超过规程规定的最大容差时。

七、作业与思考题

1. 种子水分测定过程中应注意什么问题?

2. 试分析西瓜和辣椒种子水分测定方法不同的原因。

（编者:陈雪平）

实验14　蔬菜良种种子品种品质检验

一、实验目的

了解蔬菜良种种子品种品质检验的意义；掌握蔬菜良种种子的田间小区植株鉴定方法的原理、内容与方法步骤。

二、实验原理

蔬菜种子品种品质检验是防止良种混杂退化，提高种子和产品品质的必要手段；是保证良种优良遗传特性充分发挥，促进蔬菜生产稳产、高产的有效措施；是实施种子优质优价、贯彻种子法的主要依据。总之，它对推动和保证农业生产良性可持续发展具有重大意义。

蔬菜种子品种品质包括种子的真实性和品种纯度。前者是指一批种子所属品种、种或属与文件（品种证书、标签）是否相同，是否名副其实。后者是指品种在特征、特性方面典型一致程度，用本品种种子数（或株数）占供检本作物样品数（种子数或株数）的百分率表示。种子真实性强调品种的真与假。品种纯度强调品种一致性的高与低。

依据检验的对象、场所和原理的不同，品种纯度可以划分出多种检验方法。据其原理分类是较为公认的分类体系，主要可分为形态学鉴定、物理化学法鉴定、生理生化法鉴定、分子生物学方法鉴定和细胞学方法鉴定五大类方法。形态学鉴定又分为籽粒形态鉴定、幼苗形态鉴定和植株形态鉴定。其中，植株形态鉴定所依据的性状相对较多，检验结果更为准确。

从检验原理上，田间小区种植鉴定属于植株形态测定的范畴，可以根据生育期内植株的各种特征、特性对不同品种进行比较鉴别，因此是最可靠、准确的品种真实性和纯度的鉴定方法之一。它适用于国际贸易、省（区）间调种的仲裁检验，并可作为赔偿损失的依据。

田间小区种植鉴定需要对检验样品不同植株间性状（可分为主要性状、次要性状、易变性状和特殊性状）差异做出仔细辨别。鉴定时重点寻找固有的不易变化，但又容易辨别的主要性状，如朝天椒果实的单生与簇生、茄子叶刺的有无、南瓜的短蔓与长蔓、大白菜叶片的全缘与缺刻等。同时还要注意观察一些特有的性状，如某些茄子品种萼下果皮呈紫色，椒类中某些品种子叶呈紫色，有的品种花药呈黄色等。依据以上性状难以区分时，可考虑细小不易观察但稳定的次要性状和易随外界条件变化而变化的易变性状。经仔细观察找不出品种间差异时,应考虑采用其他鉴定方法。

三、材料及用具

(一)材料

蔬菜种子送验样品、对照标准样品及其特征特性文件资料。

(二)用具

调查表、米尺、卷尺、电子秤或台秤等。

四、实验内容

采用田间小区种植鉴定法对送验样品的种子真实性和品种纯度进行检验。

五、方法与步骤

(一)田间种植

为了保证供检样品和对照标准样品的品种特征、特性能充分表现,必须进行科学严密的试验设计、严格控制试验条件和规范栽培技术,如应考虑设置重复、土壤肥力的均匀性、种植群体大小、播种方法、育苗方式、种植密度及避免连作等问题。

因为移栽和间苗都会引起误差,所以要对播种量进行调整,保证试验区与对照区中长成的植株数大约相等。若相差很大,确实必要时,可以适当通过间苗和移苗的方式达到上述要求。

(二)田检记录

必须根据不同蔬菜作物及品种的特点,在整个生长期间选择关键时期,尤其是品种特征特性表现最明显的时期进行观察鉴定,记载与标准样品的差异。许多种在幼苗期就有可能鉴别出品种真实性和纯度,但成熟期、花期和食用器官成熟期是品种特征、特性表现最明显的时期,必须进行鉴定。凡可看出是属于另外的栽培品种或种的植株或者异常植株,均应计数和记载。

六、实验结果分析

凡有可能,所发现的其他栽培品种、其他种或变异株数均以所鉴定植株数的百分率表示。小区种植鉴定的品种纯度按下式计算:

$$品种纯度 = \frac{本作物的总株数 - 变异株数}{本作物的总株数} \times 100\%$$

如果鉴定植株不多于2 000株时，所发现的变异株数目以整数的百分率表示；如果多于2 000株，则百分率保留一位小数。如果性状是通过测量获得，需计算平均数及其他统计数值。

若样品中发现不是送验者所叙述的栽培品种，应该填报其结果。如果样品中其他栽培品种植株的比例超过15%时，则报告中应附加说明："样品同不同栽培品种混合组成"。

当结果不可能用百分率表示时，则可填写关于样品真实性的适当评语。

如果没有特别有价值的评语时，则需作如下说明："该样品经田间小区鉴定，结果未发现与送验者所述栽培品种或种名称有不符之处。"

七、作业与思考题

1. 如何保证蔬菜作物品种纯度检验的准确性？

2. 鉴定蔬菜作物品种纯度除田间鉴定方法外，还有哪些有效方法？

3. 可用于蔬菜作物品种纯度鉴定的分子标记有哪些？各自的优缺点是什么？

（编者：陈雪平）

实验15 蔬菜快速加代繁育技术

一、实验目的

了解蔬菜作物加代繁殖的意义、原理和主要途径；学习并掌握大白菜快速加代繁育技术方法。

二、实验原理

首先在了解蔬菜作物生长发育规律的基础上，利用调控生态条件和化学药品处理等手段缩短生长发育阶段，使蔬菜作物个体发育周期变短，增加繁殖代数。其次在不改变蔬菜作物自然生长发育规律的条件下，利用温室、人工气候室等设备和北种南繁或南种北繁等，使适于蔬菜作物生育的时间延长，以增加繁殖代数。

主要用于杂交后代初代的繁殖、自交系的纯化和繁殖。

三、材料及用具

（一）材料
大白菜种子。

（二）器具与设施
冰箱、日光灯、烧杯、培养皿、镊子、解剖针、滤纸、记号笔、标签、蒸馏水、营养钵、蛭石、园土、温室等。

四、实验内容

包括大白菜种子的低温处理、种株管理与授粉、未成熟种子处理与种植。

五、方法及步骤

1.浸种及低温处理
将大白菜种子于室温下浸种 4 h 后放入铺有滤纸的培养皿中，置于 2～4℃ 的冰箱中处理 15 d。另设一对照（不进行浸种和低温处理）。

2.播种及授粉
将处理后的种子及对照播种，30～40 d 后植株即可开花，及时进行人工授粉。

3.未成熟种子处理与种植
授粉后 25 d，将未成熟的种荚摘下，人工剥出种子，剥掉种皮（打破休眠）后放入培养皿中，于冰箱 2～4℃ 下春化处理 15 d 后播种，进行下一个世代的繁殖。

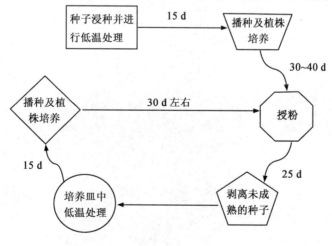

图 15-1　大白菜温室加代繁殖流程图

六、作业及思考题

（一）作业

1.分组进行种子浸种及低温处理，15 d后播种。

2.授粉后25 d，每人剥离出30粒种子，并将其低温处理15 d后播种，检查出苗情况及进行实验结果分析。

（二）思考题

1.大白菜快速加代繁育的原理是什么？

2.试计算在温室中一年能加代繁育几代大白菜？

（编者：朱立新）

第二部分　综合性设计性实验

实验 16　园艺植物多倍体诱变及观察鉴定

一、实验目的

了解秋水仙素诱变多倍体的原理及鉴定多倍体的依据;掌握多倍体诱变和鉴定技术与方法。

二、实验原理

秋水仙素是人工诱变多倍体最为有效的药剂之一。秋水仙素的作用在于细胞分裂时可以抑制微管的聚合过程,阻止纺缍丝的形成,染色体不能分向两极,使细胞核内的染色体数加倍。秋水仙素溶液浓度适宜时,对细胞的毒害作用不大,对染色体结构无显著影响,在一定时期内细胞仍可恢复常态,继续分裂,除染色体数加倍成为多倍性细胞外,在遗传上很少发生不利的变异。加倍的细胞继续分裂就形成多倍体的组织器官和植株。从多倍性组织分化出来的性细胞所产生的配子有多倍性,通过有性繁殖,便产生多倍体后代。

用秋水仙素诱变园艺作物多倍体时应注意以下几点。

(1)诱变试材的选择原则:①选择主要经济性状优良的品种;②选择染色体组数少的种类;③最好选择育性降低对产品性状和产量影响小的品种;④选用多个遗传基础不同的品种进行处理,以扩大选优的范围。

(2)处理部位的选择:由于秋水仙素对植物诱变的有效刺激作用,只发生在细胞分裂活跃状态的组织,所以常用发芽的种子、幼苗、梢端分生组织。

(3)药剂浓度和处理时间的确定:使用浓度及处理时间,应根据所处理的园艺植物种类、器官及药品的媒剂而不同。一般为 $0.01\%\sim1.0\%$,以 0.2% 最常用,处理时间为 $24\sim48$ h,温度维持在 $20\sim30℃$。一般采用临界范围内的高浓度和短时间处理法,以诱变多倍体的百分率最高而致死和受害的数量最少时,最为理想。

园艺植物随着染色体倍性的变化,其形态和特性也发生变化。常表现叶片肥厚多皱,叶脉缩短,气孔减少、保卫细胞变大,叶绿素增加;花蕾变大、花粉量减少、花粉粒增大,花粉育性降低,开花和果实成熟期延迟等。根据上述形态性状和特性可对多倍体进行间接的鉴定,但要最后断定是否是多倍体还得靠直接镜检花粉母细胞或根尖分生组织的染色体数,才能作定论。

三、材料及用具

（一）材料

种子繁殖的园艺作物用种子或幼苗;无性繁殖的园艺作物用嫩梢。

（二）药品及用具

秋水仙素、蒸馏水、苏木精、卡诺固定液、酒精、丙酸、天平、镊子、培养皿、纱布、温箱、滴瓶、滴管、显微镜、测微尺、钢卷尺、脱脂棉、量筒、烧杯、载玻片、盖玻片、铅笔等。

四、实验内容

秋水仙素溶液浓度、处理时间、处理方法的确定;诱变效果的调查和分析。

五、方法与步骤

（一）诱变

1.秋水仙素药液的配制

称取1g秋水仙素纯结晶体,先溶于少量酒精中,然后加冷水定容为1‰浓度的母液,放于棕色瓶中,1～4℃冰箱里保存备用,使用时再稀释成所需要的浓度。

2.秋水仙素处理

常采用浸渍法、涂抹法、滴液法和离体法。可根据处理的组织器官采用其中一种。

(1)浸渍法:可浸渍幼苗、新梢、插条、接穗及发芽的种子。秋水仙素溶液浓度0.2‰,处理24～36h。处理完后用水冲洗残液。

(2)涂抹法:按一定秋水仙素浓度(0.5‰～1‰),用羊毛脂或琼脂或甘油配成乳剂,涂抹在幼苗或枝条的顶端,处理24～48 h。处理部位要适当遮盖,以减少蒸发和避免雨水冲洗。

(3)滴液法:用幼苗处理时,待子叶平展,心叶露出时,用0.2‰的秋水仙素溶液滴在生长点上,每天早、中、晚各滴1次,连滴3 d。为了使药液不会很快蒸发掉,提高处理效果,可用脱脂棉做成小球,放于生长点上,再将秋水仙素药液滴在棉球上。对较大植株的顶芽、腋芽可将小片脱脂棉包裹幼芽,再将药液滴上。

（4）离体法：在组织培养过程，培养基中加入适量的秋水仙素，经短期培养，再转入无秋水仙素的培养基中，适时适法鉴定多倍体。此种方法诱变率高，易得到纯合的多倍体。

（二）培养

为提高诱变率，必须精心管理处理后的材料，使细胞、组织、器官尽快恢复其正常生长。尤以温度管理最为重要，通常为 25～30℃ 为好。

（三）鉴定

一般采用先间接鉴定，再直接鉴定的方法。

1.间接鉴定法

常采用的鉴定方法有 3 种。

（1）外部形态鉴定：多倍体植株与二倍体比较，一般表现为茎粗壮，叶厚皱褶，生长速度变慢，花器变大，叶色变深等。

（2）气孔鉴定：撕取叶表皮，放在载玻片上，于显微镜下观察鉴定，多倍体的气孔一般比二倍体长，单位面积气孔数比二倍体少；多倍体保卫细胞内的叶绿体数一般多于二倍体。

（3）花粉粒鉴定：将新开花的花粉撒于载玻片上，于显微镜下观察花粉大小。多倍体产生的花粉一般比二倍体的大。

通过以上间接方法，初步鉴定出多倍体可能株，进一步进行直接鉴定。

2.直接鉴定

直接用经诱变的植株的根尖细胞或花粉母细胞制片染色，在显微镜下观察检查其染色体数目是否真正加倍。具体观察染色体的显微技术见普通遗传学实验指导。

六、实验结果分析

1.统计不同药液浓度、不同处理方法和不同时间处理后植株的诱变率。

表 16-1　多倍体诱导效果调查

供试品种	药液浓度	处理方法	处理时间	处理试材数	变异株数	诱变率	备注

2.观察记载变异植株与对照植株主要性状的形态特征，并比较二者的差异。

七、作业及思考题

1.你认为利用秋水仙素诱变多倍体的技术要点有哪些？

2.选择一种园艺植物,通过查阅资料,制定一个利用离体法(愈伤组织)获得多倍体的实验方案。

（编者：申书兴）

实验17　园艺植物辐射诱变及观察鉴定

一、实验目的

了解辐射诱变的机理；了解 γ 射线源实验室的基本设施、处理方法及注意事项；了解物理因素对植物的诱变作用。

二、实验原理

辐射诱变育种是利用一定剂量的物理射线,对植物的种子、花药、枝条、球茎、愈伤组织等进行照射,使其产生遗传性的变异,并经过人工选择、鉴定,从而培育出新品种(徐冠仁,1996)。常用的辐射种类有 X 射线、γ 射线、β 射线、中子、激光、电子束、紫外线等。各种辐射由于物理性质不同,对生物有机体的作用不一,γ 射线属于核内电磁辐射,波长短(0.001nm)、能量比 X 射线更高,穿透力更强,是目前诱变育种最常用辐射诱变剂。γ 射线的辐射源一般有 ^{60}Co 和 ^{137}Cs。^{60}Co γ 射线辐射处理的实质是电离辐射引起植物分子激发等,从而对植物的生长发育产生一定的抑制或促进作用。^{137}Cs 辐射源的价格较贵,应用不多,因此,多采用 ^{60}Co 作为辐射源(傅俊杰,1996)。

辐射诱变主要有外照射、内照射和间接照射等处理方法。外照射是利用射线直接对植物材料进行照射,是应用最普遍、最主要的照射方法。操作方便,利于集中处理大量材料,没有放射性污染和散射问题,较为安全。处理的植物材料可以是种子、花粉、子房、营养器官和整株植物等。不同植物或同种植物不同组织器官对辐射的敏感性差异很大,因此,根据植物辐射敏感性和辐射处理的程度等条件确定植物的适宜的辐射剂量是十分必要的。

植物材料在辐射之后,会在形态、结构、生理生化等方面发生相应的变化,必须借助一定的方法和标准来进行鉴定,鉴定的方法有间接法和直接法两种,间接法主要通过植物的外观形态,如株高、叶的大小、叶色、花果、气孔大小、保卫细胞等指标;直接法是通过染色体数目、结构或 DNA 的分子水平鉴定,来确定是否变异。一般先进行间接鉴定,再进行直接鉴定。

三、材料及用具

（一）材料

园艺植物(如矮牵牛、非洲凤仙、报春、黄瓜、番茄等)的种子、幼苗或无性繁殖的鳞茎、枝条、块茎等。

（二）辐射源和工具

采用 ^{60}Coγ 射线作为辐射源;培养皿、量筒、烧杯、载玻片、盖玻片、显微镜、电子天平、人工气候箱、镊子、卡诺固定液、苏木精、记录本、游标卡尺。

四、实验内容

一是采用不同剂量 ^{60}Coγ 射线,对实验材料进行辐射处理。二是经过辐射处理的种子置于恒温培养箱中进行萌发实验,计算发芽率,并观察外观形态的变化,做好记录。

五、方法与步骤

（一）诱变材料选择

诱变处理宜选用综合性状优良,而只有个别缺点的品种。由于材料的遗传背景和对诱变因素的反应不同,因此,诱变处理的品种要适当多样化。

（二）辐射处理

不同科、属、种及品种的作物具有不同的辐射敏感性。辐射敏感性的大小还与植物的倍性、发育程度、生理状况和不同器官组织有关。根据诱变因素的特点和作物对诱变因素的敏感性大小,在正确选用材料的基础上,选择适宜的诱变剂量是诱变育种取得成效的关键。适宜诱变剂量是指能够最有效地诱变作物产生有益突变的剂量,一般采用半致死剂量(lethal dose 50,LD50,即辐照后存活率为对照的50％的计量值)。在设置具体的辐射诱变计量时,要参考已有相关研究的报道,并在此基础上进行预备实验。

不同的辐射种类,度量的计量单位也不同。辐射的度量方式可分为三种:第一种是对辐射源本身的度量,如放射性单位强度;第二种是对辐射在空气中效应的度量,如照射量,符号为 X,只适用于 X 射线和 γ 射线,法定计量单位 C/kg(库仑/千克);第三种是对被照射物质所吸收能量的度量,如吸收剂量,符号为 D,适用于 γ、β、中子等任何电离辐射,法定计量单位是 Gy(戈瑞),其定义为 1 kg 任何物体吸收电离辐射 1 J(焦耳)的能量,1 Gy=1 J/kg。

本实验设 $^{60}Co\gamma$ 射线 6 个辐射剂量处理,即 0 Gy(对照)、40 Gy、60 Gy、80 Gy、150 Gy、200 Gy。将实验材料置于不同剂量的 $^{60}Co\gamma$ 射线下进行外照射处理。

(三)培养

处理过的实验材料根据其生长特性,进行精心培养,尽快恢复生长。同时在不同的生长阶段要进行细致的观察,进行详细记录。

(四)鉴定

1.外部形态鉴定

在几个主要时期观察处理植株和对照植株在外观形态上有无差异,主要观察植株的生长是否缓慢,叶形、叶色、花形、花色有无改变等。

2.气孔鉴定

取处理植株和对照植株相同部位的叶片,用镊子撕下一小块表皮置于载玻片上,滴少许蒸馏水盖上盖玻片后置于显微镜下进行观察。与对照相比,单位视野内的气孔数、保卫细胞数是否发生了明显的增加或减少的现象(取 10 个视野的平均值)。

3.花粉粒的鉴定

取盛开花的花粉撒于载玻片上,在显微镜下观测花粉大小。测量 30 粒花粉直径,取其平均值。比较对照植株和处理植株花粉的差异。

4.染色体鉴定

选择外观性状有变化的植株,可取其茎尖、根尖或芽尖等分裂旺盛的组织或适宜的花蕾作为材料观察染色体的变异。

5.植株自交、留种

辐射当代(M_1)的变异多属于因辐射而造成的生理性损伤,一般不能遗传。诱发的突变大多数为隐性突变,在 M_1 代一般不能显露,但显性突变能够表现。有些 M_1 植株因部分组织或器官发生变异而表现为嵌合体。因此,要获得真正的变异植株,就需要对 M_1 植株自交留种,从后代分离、鉴定有益突变株。

六、实验结果分析

根据辐射当代的观察填写表 17-1,并根据表中数据统计不同剂量下的植株变异率。

表 17-1　不同辐射剂量对植株变异的影响

实验材料编号	辐射剂量	叶色	叶长/叶宽	气孔数目	保卫细胞数目	花色	花直径	花粉大小	染色体数目

七、作业及思考题

1. 根据实验结果,完成实验总结报告。

2. 选择一种园艺植物制订一份辐射诱变育种计划。

3. 进行植物辐射诱变时应注意哪些问题?

（编者：吕英民）

实验 18　园艺植物化学诱变及观察鉴定

一、实验目的

理解化学诱变的机理;学习、掌握 EMS 药液的配制及诱变操作技术和方法。

二、实验原理

化学诱变育种是通过化学试剂造成生物 DNA 的损伤和错误修复,产生突变体,然后通过许多世代对突变体进行选择和鉴定,直接或间接地培育成生产上能利用的园艺植物品种。化学诱变育种具有操作方法简便易行,成本低、诱变作用专一性强等特点,是一种迅速发展的育种途径(彭波,2007)。在改善植物的抗逆、抗病、抗虫等方面有着广泛的应用。化学诱变剂的种类繁多,目前较公认的、应用较多的是烷化剂和叠氮化物两大类。烷化剂主要有甲基磺酸乙酯(EMS)、硫酸二乙酯和乙烯亚胺(EI)等化合物,EMS 是目前公认的最为有效和应用较多的一种化学诱变剂。

EMS作用机理是通过将烷基加到DNA的核苷酸鸟嘌呤上,使DNA在复制时错误地将G-C碱基对转换为A-T碱基对;或者这些被烷基化的鸟嘌呤自动降解,在DNA链上出现空位,使DNA链断裂、易位甚至使细胞死亡。与其他诱变剂相比,EMS化学诱变产生的点突变的频率高,染色体畸变相对较少,可以对植物的某一些特殊性状进行改良(徐冠仁,1996),在园艺作物上应用广泛。

诱变处理时除了要注意实验材料的选择、药剂浓度和处理时间等方面外,还要注意以下几点:①材料处理后,要用流动水冲洗10～30 min,防止残存诱变剂对植物的继续损伤。②处理后的植物材料要精心管理,保持适宜的生长环境,尽快恢复生长。③诱变剂都有不同程度的毒性,因此,在处理时一般都在通风橱中进行,要戴上乳胶手套和口罩,避免直接接触药剂。

三、材料及用具

(一)材料

园艺植物的种子、幼苗、鳞茎、嫩梢等。

(二)试剂和用具

EMS、磷酸二氢钠、蒸馏水、脱脂棉、培养皿、烧杯、滴管、电子显微镜、天平等。

四、实验内容

一是EMS溶液浓度、处理时间、处理方法的确定。二是对经过诱变处理的植物材料进行培养,对诱变效果进行观察并统计诱变率。

五、方法与步骤

(一)诱变材料选择

材料选择注意事项同辐射诱变。

(二)药剂的配制

一般先配置1%的EMS母液。在通风橱中,用0.1 mol/L磷酸缓冲液(pH 5.8)配制所需浓度的EMS溶液。贮液Ⅰ:1 mol/L的NaH_2PO_4溶液;贮液Ⅱ:1 mol/L Na_2HPO_4溶液。取92.1 mL的贮液Ⅰ和7.9 mL的贮液Ⅱ混合,定容至1L,得pH 5.8的0.1 mol/L磷酸钠缓冲液,即配即用。

(三)处理方法

一般有以下几种方法。

1.浸渍法

将种子、枝条、嫩梢等浸入到一定浓度(0.1%～1%)的诱变剂溶液中。根据植物材料选择适宜的浓度和浸渍时间。

2.涂抹法或滴液法

将诱变剂溶液涂抹或滴到植物材料的生长点或嫩梢上。为了避免药液的蒸发,可将浸过药液的脱脂棉小球放于生长点上。

3.离体培养法

将诱变剂按照一定浓度加到培养基中,培养一段时间,然后将植物材料转移到无诱变剂的培养基中进行恢复培养。

4.其他方法

将诱变剂对植物材料进行熏蒸、直接注入植物体内或施加到土壤中等方法。

(四)浓度的选择

不同植物或同种植物不同品种以及同一品种不同器官对诱变剂的种类、剂量都有不同的敏感性。一般认为对各类植物种子处理后,用 EMS 诱变剂处理的生长量下降到 20% 为适宜剂量(李际红,2008)。浓度越高,处理时间越长,植物变异率就越高。

(五)培养

经过 EMS 处理的植物材料要加强管理,注意温度、湿度调节,确保处理植株能在最短时间内恢复生长。

(六)鉴定

可分为间接鉴定(外观形态、气孔、花粉粒等)和直接鉴定(染色体形态、数目、结构或 DNA 分子水平鉴定)。具体方法可参照实验 17。

六、实验结果分析

将观察到诱变材料和对照植株的外部形态特征记入表 18-1(供参考),因诱变的目标不同,观察鉴定的性状也不同,可根据具体情况,设计调查项目。

表 18-1　不同浓度 EMS 对植株变异的影响

实验材料编号	EMS 浓度	叶片			花			染色体数目、形态
		颜色、厚度(叶长/叶宽)	气孔数目	保卫细胞数目	花色	花直径	花粉大小	

七、作业及思考题

1.选择一种园艺植物设计用 EMS 进行诱变处理的技术方案,并实施。

2.化学诱变的作用机理是什么? 常用的有哪些化学诱变剂?

(编者:吕英民)

实验 19　园艺植物品种(系)病毒病害抗性比较试验

一、实验目的

了解植物病毒分离、繁殖、保存的方法;熟悉病毒病人工抗性鉴定的原理;掌握烟草花叶病毒(tobacco mosaic virus,TMV),黄瓜花叶病毒(cucumber mosaic virus,CMV),芜菁花叶病毒(turnip mosaic virus,TuMV),番茄黄化卷叶病毒(tomato yellow leaf curl virus,TYLCV)抗性鉴定的方法与技术;明确新品种,或新品系,或自交系对病毒病的抗性。

二、实验原理

病毒侵入植物细胞有 3 种途径,大多数病毒通过微伤口(wound)侵入;少数经过内吞(endocytosis)作用侵入;包膜病毒通过融合(fusion)方式入侵植物细胞;当病毒入侵植物时首先附着于细胞表面,并要受到角质层及细胞壁的阻碍。如将 TMV 摩擦接种普通烟草后,超薄切片观察发现病毒粒子在细胞壁上结合的位置是随机的,在感病细胞壁的数量明显多于抗病细胞。大多数机械传播病毒如 TMV、CMV、TuMV 能通过摩擦接种造成细胞壁的微伤直接进入细胞质,其过程为病毒颗粒能与植物薄壁细胞原生质体中的胞间连丝(plasmodesmata)结合,诱导接触点细胞膜下陷,病毒内吞进入细胞,因此,通过人工接种可以使 TMV、CMV、TuMV 感染寄主。对有膜病毒如番茄斑萎病毒(tomato spotted wilt virus,TSWV)感染寄主需要与寄主细胞脂膜通过二者静电作用进行识别,能亲和时病毒与脂膜蛋白形成复合物后沉淀,外壳蛋白进入细胞膜而 RNA 进入细胞质,接着细胞膜表面的疏水蛋白再与细胞内中性泡囊识别亲和,外壳蛋白通过膜融合最后也进入细胞质。病毒 RNA 进入细胞内后,先进行早期翻译,借助植物的核糖体合成病毒 RNA 复制酶。在病毒 RNA 复制酶的催化下,病毒不断掠夺植物营养增殖自我,使植物表现症状。抗病植株通过组织和器官构造方面、生理生化方面的某些特性,阻止病原物的侵入或阻止、限制病毒的定殖、扩展和繁殖,因而表现为抗病。而感病植株既不能阻止病毒的侵入,又不能抵抗病毒在体内的定殖、扩展和繁殖,因而表现病毒症状。

三、实验设计

(一)材料

1. 对照品系

番茄 TMV 抗病对照:GCR236(抗 0 株系和 1 株系)、OhioM-R9(抗 0、1、2、1.2 株系);感病对照:早粉 2 号,或加拿大 8 号。番茄 CMV 抗病对照:茸毛番茄;感病对照:早粉 2 号,或加拿大 8 号。白菜 TuMV 抗病对照:PI418957(抗 C_1、C_2、C_3、C_4 株系);感病对照:四月慢(小白菜),或二牛心(大白菜)。也可用已知感病或抗病的其他品种(系)。

2. 供鉴定材料

番茄、白菜新品种,或新品系,或自交系若干。

3. 其他

TMV 或 CMV 或 TuMV 毒源、培养土、蛭石若干。

(二)试验设计

1. 田间试验

每份材料包括抗、感病对照与供鉴定材料种植一个小区,每小区种植株数不小于 30 株,采用随机排列,重复 3 次。

2. 室内鉴定

番茄材料(包括抗、感病对照与供鉴定材料)每个设 4 次重复,每次重复 10 株。白菜供试材料(包括抗、感病对照与供鉴定材料)每个设 3 次重复,每次重复 15 株。

四、仪器和试剂

1. 仪器和用具

温室(或人工光照培养室或人工气候室)、冰箱、高压灭菌锅、离心机、小型喷雾器、喷枪、恒温槽、恒温箱、电子天平、0~50℃控温仪、组织捣碎机、研钵、水桶、漏斗架、漏斗、纱布、玻璃棒、烧杯、量筒、搪瓷盘、营养钵、铅笔、标签等。

2. 药品

磷酸三钠、新洁尔灭及磷酸缓冲液($Na_2HPO_4 \cdot 2H_2O/KH_2PO_4$)。

五、方法与步骤

(一)田间自然鉴定

1.番茄 TMV 与 CMV 田间抗病性调查

自然发病条件下的田间鉴定是鉴定园艺植物抗病性的最基本方法,尤其是在各种病害的常发区,进行多年、多点的联合鉴定是一种有效方法。它能对育种材料或品种(系)的抗性进行最全面、严格的考验。田间病害的发生和流行与田间病原菌情况、环境条件,以及感病植物群体密切相关。田间抗病性鉴定可在田间病圃进行,也可采用田间自然发病鉴定的方法。新品种(系)病毒病田间抗性鉴定多采用后者。番茄感染 TMV 与 CMV 后所引起的症状大致相似,均可出现花叶型、条斑型和蕨叶型的症状。具体调查方法是,在番茄坐果中后期进行,对田间试验的每个小区逐株按 TMV(或 CMV)单株病情分级标准调查单株的病级,统计分析不同小区的病情指数。

2.白菜 TuMV 田间抗病性调查

白菜 TuMV 田间抗病性调查通常在莲座期或结球期进行,调查方法同番茄 TMV 与 CMV 田间抗病性调查。

(二)室内人工接种鉴定

1.番茄、白菜适宜病毒病抗性鉴定苗态的培养

(1)番茄 TMV、CMV 人工接种抗性鉴定适宜苗态的培养:供试番茄幼苗应在防虫温室(人工光照培养室或人工气候室)培养。培养土和蛭石需在 15 kg/cm² 的压力灭菌 30 min;供鉴定病毒病的番茄种子需在 l0% 的磷酸三钠水溶液浸泡 20 min 后用清水冲洗干净。按常规方法催芽后直播于装有营养土的搪瓷盘(或铁皮盘等)内,置于防虫温室(人工光照培养室或人工气候室)培养,待真叶展开时分苗于营养钵,每钵 1 株。分苗后应加强管理,使幼苗生长健康、整齐一致。当番茄幼苗 1 片真叶展开后,即可以接种。

(2)白菜 TuMV 人工接种抗性鉴定适宜苗态的培养:白菜秧苗培养应在封闭完好的温室和培养室内进行。使用的器具或苗盘须洗净,并用 0.1% 的新洁尔灭消毒;培养土和蛭石需经 15 kg/cm² 的压力下灭菌 30 min;供鉴定用种子应充实、饱满、纯净、发芽势一致。播种前,供鉴定用种子用 0.1% HgCl₂ 消毒 10 mim,无菌水冲净种子上残留的 HgCl₂,然后播种于搪瓷盘。播种后,应加强管理,于子叶期移入营养钵,每钵 1 株。当白菜秧苗 3 片真叶展开后,即可接种。

2.病毒毒源的保存、繁殖与接种体的制备

(1)TMV:我国番茄上的 TMV 有 4 个株系,即 0 株系、1 株系、2 株系和 1.2 株

系。为防止各个株系间的相互污染,除搞好隔离外,还需将各个株系在相应的番茄品种(系)上保存,0 株系可选用不含任何抗 TMV 基因的 GCR26,或早粉 2 号或加拿大 8 号番茄品种(系);1 株系可用含 Tm-1 和 Tm-2nv 基因的 GCR237 番茄;2 株系可选用含 Tm-2 纯合基因的 GCR526 番茄;1.2 株系可用含 Tm-1 和 Tm-2nv 基因的 GCR254 番茄。各个株系既可用各自的保存寄主繁殖,也可用早粉 2 号或加拿大 8 号番茄繁殖,但要注意防止繁殖过程中的病毒污染。在毒源繁殖时,接种前后植株的生长条件很重要,如温度、光照和营养条件等都会对病毒的增殖力有很大的影响。较低的温度(20～25℃)和比较适合的光照强度,有利于症状表现。通常在营养良好、生长迅速的寄主中病毒增殖快,接种后适当增施氮肥也有一定效果。此外,采病叶前短时间黑暗(1～2 d)处理能增加病毒产量。

采病叶的时间与部位很重要,最好在鉴别寄主的病毒浓度刚上升至最高时(为接种后 2～3 周)采收病叶。在系统发病材料上选取上部、中部显病叶片,老叶病毒含量低而杂质多。叶脉中通常病毒含量很低,可以除去。最好用新鲜材料,如收获后不能及时利用,可在 −20℃ 或 −70℃ 冰箱中冰冻保存备用。

番茄各病毒株系在接种繁殖寄主后 2～3 周采收病叶,1 g 鲜病叶加 10 mL 的 0.1 mol/L 磷酸缓冲液(pH 7.0),再加少许金钢砂,用研钵或组织捣碎机匀浆,纱布过滤或 3 000 r/min 离心 15 min,然后用滤液或上清液作为接种体接种进行抗病性鉴定。

(2)CMV:我国番茄上的 CMV 有 4 个株系,即轻花叶株系、重花叶株系(包括蕨叶症状)、坏死株系和黄化株系,以重花叶株系发生最普遍,危害也较重。因此,通常以重花叶株系作为抗病性鉴定的接种毒源。CMV 不但有着不同株系间相互污染的问题,而且非常容易被 TMV 污染。因此,宜将 CMV 保存在枯斑三生烟(*Nicotiana tabcum* CVS. Samsun N. N.)或珊西 NC 烟草(*N. t.* CVS. Xanthi N. C.)上,可用早粉 2 号或加拿大 8 号番茄繁殖。由于 CMV 在寄主体内的高峰期很短,因此,在 CMV 适宜的繁殖温度条件下(20～30℃),接种后 10 d 左右采收病叶,切勿等症状严重时才采收病叶。通常 1 g 鲜病叶加 5 mL 0.03 mol/L 磷酸缓冲液(pH 8.0),再加少许金钢砂,匀浆,其他做法同 TMV。

(3)TuMV:白菜 TuMV 病毒有 C_1、C_2、C_3、C_4 和 C_5 5 个株系。各个株系应分别保存和繁殖。保存和繁殖的适宜品种有:白帮油菜、四月慢、胶县二叶、二牛心白菜等,可在使用前 15～20 d 繁毒。毒源接种体的制备需取症状明显的病叶 1 g 加 2 mL 的 0.05 mol/L 磷酸缓冲液(pH8.0),再加少许金钢砂,匀浆、过滤或离心后,每克病叶再加 2 mL 上述缓冲液,其他做法同 TMV。

3.人工接种鉴定

(1)TMV:番茄幼苗从具1片真叶起就可人工接种TMV,接种方法较多,主要有手指摩擦接种、磨砂玻匙摩擦接种和喷枪接种等。国内大多数采用手指摩擦接种和喷枪接种。手指摩擦接种十分简单易行,接种时,用左手指托住接种番茄叶片,右手指蘸取接种体,在叶片正面进行摩擦接种。摩擦时,手用力应均匀,以擦伤叶表皮为适,用力不可过大或过小,过大会损伤叶片,造成接种叶片脱落;过小则因未接上病毒而不发病。接种后用自来水及时冲净残留毒液。喷枪接种采用类似艺术喷漆枪。这种接种法最突出的优点是接种快速,伤口适度,发病均匀快速,特别适合大样品的筛选或鉴定。接种前将番茄幼苗置黑暗处一昼夜,使之柔嫩些,然后在叶面上撒一薄层600目金刚砂,接种时喷枪嘴距幼苗约2 cm,空气压缩机压力为2.1~2.5 kg/cm^2,接种后立即用自来水冲洗叶面上多余的病毒汁液,以免影响病毒的侵染。为确保万无一失,一般接种2次,间隔3~5 d。接种鉴定期间,室内温度尽量控制在16~32℃,正常光照,接种后3~4周调查植株发病情况。

(2)CMV:接种苗龄不宜太大,以一两片真叶为宜,接种方法及次数同TMV。由于CMV的病情发展受环境条件,特别是温度的影响极大,温度过低或过高均不利于症状的充分表现,因此,应创造良好的发病环境。接种当天室内温度最好在25~28℃,以后控制在20~30℃,一般接种后7 d开始出现症状,3~4周后进行病情调查。

(3)TuMV:当幼苗第3片真叶充分展开后,在叶上接种病毒(TuMV),接种时,先在被鉴定材料上撒些40目的金刚砂,蘸取病毒接种体摩擦接种两个叶片,接种后立即用水冲洗叶面,然后遮阴24 h,隔日再接种一次,在25~28℃下培养20 d后调查全株病情。

4.番茄TYLCV PCR鉴定

分别在移栽第4、6、8周后对各品种(系)采样进行PCR检测,以此判断该品种(系)对TYLCV的易感程度。PCR检测首先提取植物基因组总DNA作为PCR反应体系的模板,提取方法按DNA提取试剂盒的操作步骤进行。PCR引物序列:TYLCV-R:5′-CCAATAA GGCGTAAGCGTGTAGAC-3′;TYLCV-F:5′-ACG-CATGCCTCTAATCCAGTGTA -3′。PCR扩增体系:DNA模板<1 μg、10 μmol /L引物TYLCV-R 1 μL、10 μmol /L引物TYLCV-F 1 μL、2 × Master Mix 12.5 μL,加ddH$_2$O至终体积为20 μL。PCR反应程序:94℃预变性2 min;94℃变性30 s,55℃退火45 s,72℃延伸30 s,32个循环;72℃延伸10 min。4℃保存。反应完毕后,从PCR产物中取5 μL,以含有核酸荧光染料Gold View的1.0%琼脂糖凝胶电泳分离,在凝胶成像系统上观察结果,合成序列大小在500 bp左右(实

际为543 bp),能扩增出目的条带的为感病植株,不能扩增出的为抗病植株(或未感染植株)。

六、实验结果分析

(一)病情指数的计算

田间或室内病情调查按单株调查病级后,计算每一重复的病情指数。

$$病情指数 = \frac{\sum(病情株数 \times 该级级数)}{最高级数 \times 调查总株数}$$

如田间或室内各重复间病情指数差异不显著,取其平均值作为该品种(系)的田间或室内鉴定结果;如田间感病对照未发病,可以室内人工接种结果作为该品种(系)的抗病性鉴定结果。为了比较田间自然抗病性与室内人工接种鉴定结果,可采用相对抗性指数(RRI)。病情指数与相对抗性指数的换算关系如下:

$$RRI = \ln\frac{X}{1-X} - \ln\frac{Y}{1-Y}$$

式中:X 为感病对照品种(系)的病情指数;Y 为鉴定品种(系)的病情指数。

1. TMV 单株病情分级标准

0 级:无任何症状;

1 级:心叶明脉或一两片叶呈现花叶;

3 级:中上部叶片花叶;

5 级:除多数叶片花叶外,少数叶片畸形;

7 级:多数叶片重花叶、畸形、皱缩或植株矮化;

9 级:多数叶片重花叶、畸形,植株明显矮化,甚至枯萎死亡。

2. CMV 单株病情分级标准

0 级:无任何症状;

1 级:心叶明脉或少数嫩叶花叶;

3 级:中上部叶片花叶;

5 级:多数叶片花叶、少数叶片变形或明显皱缩;

7 级:多数叶片重花叶、部分畸形、变细长,植株明显矮化;

9 级:重花叶且明显畸形、蕨叶,植株严重矮化,甚至枯死。

3. TuMV 单株病情分级标准

0 级:完全无症状;

0.1 级:接种子叶上有个别退绿斑;

0.5级:接种子叶上有多个初绿斑;或病斑面积占子叶1/2以上;或真叶上有个别初绿斑或疱斑;

1级:多数叶片有较多的退绿斑,或少数叶片轻微花叶;

3级:多数叶片至全株轻花叶;

5级:全株重花叶、皱缩、矮化或叶柄局部坏死,少数叶片严重畸形,全株矮化;

7级:全株重花叶,伴有枯斑,部分叶片枯死,或全部叶片皱缩畸形,植株严重矮化;

9级:大部分叶片枯死,植株濒临死亡。

4.TYLCV单株病情分级标准

0级:不发病,无症状;

0.5级:新叶叶缘轻微黄化或轻花叶;

1级:新叶叶缘明显黄化,约1/3叶片黄化,叶变小;

3级:1/3～1/2叶片黄化,顶梢叶片进一步变小(约1/2正常叶),病株比健株矮约1/3;

5级:1/2～2/3叶片黄化,顶梢叶片细小(约1/3正常叶),病株比健株矮约1/2;

7级:整个植株叶片黄化、变小,病株比健株矮1/2～3/4;

9级:植株枯死。

(二)群体抗性分类

1.TMV群体抗性分类标准

免疫:病情指数＝0,植株不带毒;

高抗:病情指数为0～2;

抗病:病情指数为2.1～15;

中抗:病情指数为15.1～30;

感病:病情指数为30以上。

2.CMV群体抗性分类标准

高抗:病情指数为0～5;

抗病:病情指数为5.1～20;

中抗:病情指数为20.1～40;

感病:病情指数为40以上。

3.TuMV和TYLCV群体抗性分类标准

免疫:无病也不带毒;

高抗:病情指数在5.55以下;

抗病:病情指数为 5.56～11.11;

中抗:病情指数为 11.12～33.33;

感病:病情指数为 33.34～55.56;

高感:病情指数为 55.56 以上。

(三)结果统计

将试验结果填入表 19-1。

表 19-1　××病毒病害抗性品种(系)比较试验

鉴定方法	品种	各感病级次株数								病情指数	抗病类型
		0	0.1	0.5	1	3	5	7	9		
田间自然鉴定											
	⁝				⁝						
室内接种鉴定											
	⁝				⁝						

七、作业及思考题

1.分析供试品种(系)对病毒病(番茄 TMV、CMV,或白菜 TuMV)的抗性。

2.同一材料的不同单株有时抗病性差异很大,试分析其可能原因。

3.接种后用清水冲洗接种叶片的目的是什么?

4.可否进行番茄 TMV 和 CMV 复合抗性筛选? 若答案是肯定的,请拟定番茄 TMV 和 CMV 复合抗性筛选的方案。

5.病毒病人工抗性鉴定的关键技术有哪些?

6.进行田间自然发病抗性鉴定时,有时会发现抗感对照均不发病,试分析其原因。

7.病毒病抗性鉴定为什么要在严格的防虫条件下进行?

8.根据园艺植物病毒病的鉴定方法,制定某一园艺植物特定病毒病的抗病性鉴定方案。

(编者:巩振辉)

实验20 园艺植物品种(系)真菌病害抗性比较试验

一、实验目的

了解白菜黑斑病、辣椒疫病和番茄枯萎病病原菌的分离、保存和诱导产生孢子的方法;熟悉真菌性病害人工接种鉴定的原理,掌握一种真菌性病害(白菜黑斑病、辣椒疫病或番茄枯萎病)的鉴定技术与方法;明确新品种,或新品系,或自交系对一种真菌性病害的抗性。

二、实验原理

在自然状态下,白菜黑斑病病原菌主要以菌丝体及分生孢子在植株病残体上、土壤中、采种株上以及种子表面越冬,分生孢子借风雨传播,萌发产生芽管,从寄主气孔或表皮直接侵入;辣椒疫病通过土壤和地表流水、雨水以及生物媒介如蜗牛和昆虫等传染,也可通过所感染的作物上大量形成游动孢子或从孢子囊间发芽而生成游动孢子进行传播和感染;番茄枯萎病病原菌以菌丝体和厚垣孢子随病株残余组织遗留于土中越冬,或以菌丝潜伏在种子上过冬。番茄移栽或中耕时,如根部或茎部受伤,土壤中病原菌即从伤口侵入。因此,采用人工喷雾接种法、点滴法等可使白菜幼苗感染黑斑病;采用游动孢子灌根接种法、游动孢子浸根接种法等,可使辣椒感染疫病;采用孢子悬浮液浸根法或灌根法,可使番茄感染枯萎病。在病原菌侵染初期或侵入时,抗病植株通过组织和器官构造方面、生理生化方面的某些特性,阻止病原物的侵入或阻止、限制病原菌的定殖、扩展和繁殖,因而表现为抗病。而感病植株既不能阻止病原菌的侵入,又不能抵抗病原菌在体内的定殖、扩展和繁殖,因而表现真菌性病害症状。

三、实验设计

（一）材料

1. 对照品系

白菜黑斑病抗病对照：牡丹江一号（大白菜），或苏州青（小白菜）；感病对照：秦白2号（大白菜），或短白梗（小白菜）。辣椒疫病抗病对照：PI201234，CM334；感病对照：蓝星，或茄门，或 Early Calwonder。番茄枯萎病抗病对照：I3R-1（抗 Race 1、Race2、Race3），Florida MH-1（抗 Race 1、Race2）、UC 82-L（抗 Race 1）；感病对照：Bonny Best，或 Fantastic。也可用已知感病或抗病的其他品种。

2. 供鉴定材料

白菜、番茄、辣椒新品种，或新品系，或自交系若干。

3. 其他

白菜黑斑病、辣椒疫病、番茄枯萎病的病原菌、培养土、蛭石若干。

（二）试验设计

1. 田间试验

每份材料包括抗病、感病对照与供鉴定材料种植一个小区，每小区种植株数不小于30株，采用随机排列，重复3次。

2. 室内鉴定

白菜每个供试材料（包括抗病、感病对照与供鉴定材料）设3次重复，每重复15～20株。番茄、辣椒每个材料（包括抗病、感病对照与供鉴定材料），设4次重复，每重复15～20株。

四、仪器和试剂

（一）仪器和用具

冰箱、旋式摇床、定时钟、组织捣碎机、普通显微镜、振荡器、0～50℃控温仪、离心机、干燥箱、恒温箱、灭菌锅、超净工作台、水溶恒温槽、培养室、接菌室、电子天平、小型喷雾器、保湿玻璃箱、电炉、40W 日光灯、紫外灯、水桶、漏斗架、漏斗、纱布、玻璃棒、细口瓶、三角瓶、培养皿、试管、吸管、注射器、移液管、棉花、烧杯、量筒、镊子、接种针、血球计数器、盖玻片、剪刀、解剖刀、搪瓷盘、营养钵、栽培盆、牛皮纸、线绳、铅笔、标杆、糨糊、电线、黑胶布、遮光黑布、毛刷等。

（二）药品及培养基

升汞、新洁尔灭、Na_3PO_4、石蜡油、Tris-琥珀酸的缓冲液、草酸、蒸馏水、马铃薯、硅酸钙、蔗糖、葡萄糖、琼脂、$MgSO_4 \cdot 7H_2O$，KNO_3，$EDTA-Na_2$，$FeSO_4 \cdot$

$7H_2O$ 等。

PDA 固体培养基配方:马铃薯 200 g,蔗糖 10～20 g,琼脂 17～20 g,蒸馏水 1 L。

PSA 固体培养基配方:马铃薯 200 g,葡萄糖 10～20 g,琼脂 17～20 g,蒸馏水 1 L。

PS 液体培养基配方:马铃薯 200 g,葡萄糖 10～20 g,蒸馏水 1 L。

MS 液体培养基配方:$MgSO_4 \cdot 7H_2O$ 0.004 mol/L,KNO_3 0.05 mol/L,Fe·EDTA 1 mL,蒸馏水 1 L,其中 Fe-EDTA 的配方为 EDTA-Na_2 14.86 g,$FeSO_4 \cdot 7H_2O$ 24.9 g,蒸馏水 1 L。

琼脂平面培养基配方:琼脂 17～20 g,蒸馏水 1 L。

五、方法与步骤

(一)田间自然鉴定

1.白菜黑斑病田间抗病性调查

田间病害的发生和流行与田间病原菌情况、环境条件,以及感病植物群体密切相关。田间抗病性鉴定可在田间病圃进行,也可采用田间自然发病鉴定的方法。新品种真菌性病害田间抗性鉴定多采用前者。病圃的设置与利用是进行田间真菌抗病性鉴定的基本条件,没有重而均匀的发病条件就难以对新品种的抗病性作出可靠的鉴定。白菜黑斑病病圃培育通常需要 2～3 年。其方法是:每年可在大白菜收获时,将田间感病植株、叶片收集、粉碎后均匀撒入病圃,或经人工接种培养的感病植株、叶片粉碎后均匀撒入病圃,经耕作、整地后供来年作为白菜黑斑病病圃。

白菜黑斑病田间自然鉴定的具体调查方法是,在白菜莲座期或结球期,对田间试验的每个小区逐株按白菜黑斑病田间病情分级标准调查单株的病级,统计分析不同小区的病情指数。

2.辣椒疫病与番茄枯萎病田间抗病性调查

辣椒或番茄田间抗病性调查通常在其坐果中后期进行。其病圃培育与田间抗病性调查方法可参照白菜黑斑病的进行。

(二)室内人工接种鉴定

1.白菜、辣椒、番茄不同供试材料适宜真菌性病害抗性鉴定苗态的培养

(1)白菜黑斑病人工接种抗性鉴定适宜苗态的培养:白菜黑斑病人工接种抗性鉴定工作应在封闭完好的玻璃温室或培养室进行。使用经 15 lb/sq.in(即 1 kg/cm^2)的压力下灭菌 30 min 的培养土及经 0.1%新洁尔灭消毒的育苗盘或营养钵育

苗。供鉴定的种子需充实饱满、纯净、发芽势一致。播种前,供试种子应用 0.1% HgCl₂ 消毒 10 min,无菌水冲净种子上残留的 HgCl₂ 后播种于装有营养土的搪瓷盘内。播种后,应加强管理,于子叶期移入营养钵,每钵 1 株。当白菜秧苗长至 4、5 片叶时,即可接种。

(2)辣椒疫病人工接种抗性鉴定适宜苗态的培养:辣椒疫病人工接种抗性鉴定工作也应在封闭完好的玻璃温室或培养室进行。使用的育苗盘或营养钵需经 0.1% 新洁尔灭消毒,培养土需经高压灭菌。供试辣椒种子在 10% Na₃PO₃ 溶液中浸泡 20 min,用水反复冲洗数次后,在 55~60℃ 温水中浸泡并不断搅动 20 min,自然冷却后浸种 6 h,于 28~30℃ 恒温箱中催芽 4 d。在大部分种子萌动后播种于装有营养土的搪瓷盘内。播种后应加强管理,温度控制在 25~28℃,并保持较高的土壤湿度,待辣椒幼苗长出 2 片真叶时移栽于营养钵,每钵 1 株。当辣椒秧苗长至 4、5 叶时,即可接种。

(3)番茄枯萎病人工接种抗性鉴定适宜苗态的培养:可参照实验 19 中“番茄 TMV、CMV 人工接种抗性鉴定适宜苗态的培养”进行。

2. 白菜黑斑病、辣椒疫病、番茄枯萎病病原菌的分离、保存与孢子诱发

(1)白菜黑斑病病原菌的分离、保存与孢子诱发:采集白菜黑斑病病叶洗净后用直接挑取孢子法分离病原菌。其具体做法是将病叶(或其蜡叶标本)洗净,在 15℃ 无菌条件下保湿,令其产生孢子。然后用挑针挑取孢子转移到 PSA 培养基上,获得该菌的纯培养。将获得的纯化病原菌回接到 PSA 上,于 20~25℃ 下培养,经鉴定确认为黑斑病菌后,随即转入 PSA 斜面。然后将病原菌接种到 40~50 株白菜幼苗子叶上,发病后取下子叶制成蜡叶标本,放在有硅酸钙干燥剂的培养皿内封存于 −20~−18℃ 的冰箱内,可长期保存。

在进行白菜苗期抗病性鉴定前(约 1 个月)取干的病叶用直接挑取孢子法分离病原菌;采用玉米粒培养基法诱发孢子,其方法是:将玉米粒煮熟,分装在三角瓶中高压灭菌后,在玉米粒上接种黑斑病病原菌于 25℃ 下培养 2 周后取出,用日光灯 (40W 距玉米粒 20 cm)照射 4 h,然后在 15℃ 下保湿 48 h,玉米粒表面即可产生大量孢子,将玉米粒上的初生孢子刷掉,再保湿会产生更多的孢子。此外,还可用接近 0℃ 的无菌水浸泡生长在 PSA 上的病菌,并用毛笔刷去菌丝,在紫外光灯下照射 3 min,放在 15℃ 的黑暗中培养 48 h,也可诱发大量孢子。

(2)辣椒疫病病原菌的分离、保存与孢子诱发:将采集症状明显的发病组织进行表面消毒后,采用琼脂培养基分离法,其方法是:用剪刀将经表面消毒的发病组织剪成细小的病组织块,移植到琼脂平面培养基上,每个培养皿分散放置 4、5 个病组织块,移植的培养皿数应在 10 个以上。将移植好的培养皿放到 28~30℃ 条件

下培养1～2 d。培养基上产生白色多分枝菌丝，镜检菌丝无膈膜有分枝，可初视为疫病菌，并在菌丝的最远边缘处用色笔在皿底选择适宜部位划数个直径约2.5 mm的小圈，然后用接种针挑出圈内带菌丝的培养基转移到PDA斜面培养基上，于28～30℃下培养2～3 d，斜面培养基上开始长出菌丝。若未发生杂菌污染，再进一步培养，镜检孢子囊形态，确认后则分离成功。

辣椒疫病病原菌的保存是将分离纯化的病原菌接种在PSA斜面培养基上繁殖菌丝，密封在10℃下可短期（1个月以内）保存，也可采用PSA石蜡油封存法长期保存。其方法是：将病原菌转接于PSA试管斜面上，待菌丝长满斜面后加注石蜡油超过斜面高为宜。这样封存的菌种在室温下可保存1年以上。辣椒疫病病原菌在保存期容易丧失活力，因此，要适期进行复壮，即把长期继代保存的疫病病原菌回接到感病的辣椒植株上，再重新分离培养，以提高疫病病原菌的致病力，辣椒疫病病原菌孢子诱发较为理想的方法是MSS法。其具体方法是：在1 000 mL水中加入200 g马铃薯碎块煮沸30 min，用4层纱布滤去残渣后加入蔗糖10 g，补水至1 000 mL，用草酸将pH调至5.6～6.0，在6.8～9.1 kg/cm^{2}压力下灭菌20～25 min，取出后分装于灭菌的三角瓶中，在超净工作台上挑取少许辣椒疫病菌丝，接种于PSA液体培养基，于25～27℃下培养48～72 h，随后倾去PSA液体培养基，加入MSS培养液，在40 W日光灯下照射24 h，倾去MSS液，加入无菌水并用手轻轻摇动。再倾去无菌水。加入0.025 mol/L Tris-琥珀酸（pH＝6.8）的缓冲液，于7℃下放置0.5 h诱导游动孢子的释放，随后在室温下放置2h即可诱导出大量的游动孢子。

（3）番茄枯萎病病原菌的分离、保存与孢子诱发：从田间采回病株后，取植株近地面茎段，在无菌操作下，用0.1％升汞浸泡3 min，无菌水冲洗3次，置于无菌纸上吸干水分，用刀片削去皮层，剪成小块，然后用镊子取其中维管束变褐色的小块置于PDA培养基上，于25～28℃恒温箱中培养4～5 d后，在显微镜下确定目标菌落。在目标菌落边缘挑取少许菌丝接种于新的PDA培养基，经培养后，对再分离的病原菌进行筛选。将筛选的病原菌进行单孢分离。其方法是，挑取少许菌丝放入无菌水中，然后搅动使孢子充分分散，再用无菌吸管吸取少量病菌孢子的菌液于PDA培养基上，用接种针轻轻画线，使每个培养皿中含有5～8个单孢子，待孢子发芽后，转接于PDA斜面试管培养基保存，番茄枯萎菌在PDA斜面培养基上培养后置于4℃或－20℃下保存，一年中转管2、3次，以保持病菌的致病力。接种前需在PSA培养基上活化培养，采用12 h/12 h的光照与黑暗交替处理（40 W日光灯距培养基25～35 cm）4 d，即可产生大量孢子。

3.接种体的制备与人工接种

(1)白菜黑斑病病原菌接种体的制备与人工接种:将诱发的孢子用无菌水稀释成(4~8)×10⁴个孢子/mL的孢子悬浮液,用喷雾器均匀地喷洒在叶的正面,每30株约需孢子悬浮液10 mL。接种后,在15~21℃,100%的相对湿度下保湿培养7~8 d(保湿最初48 h应遮阴),即可揭膜调查发病情况。

(2)辣椒疫病病原菌接种体的制备与人工接种:将诱发的孢子用血球计算板测算接种孢子浓度,并用Tris-琥珀酸(pH=6.8)缓冲液稀释至1.2万个孢子囊/mL。将孢子悬浮液装入100 mL注射器,采用灌根接种法,向每株根际灌注5 mL,也可采用移液管或试管量取孢子悬浮液进行接种。接种后的幼苗置于保湿(RH≥90%)、保温(25~30℃)及自然光下诱发病害发生。在天气干旱时接种,每天应补浇水以保持土壤湿润。寒冷天气接种时,要在加温条件下进行,并用聚乙烯薄膜覆盖保湿、保温,以促进发病。

(3)番茄枯萎病病原菌接种体的制备与人工接种:在获得病原菌孢子后,可用无菌水将其配成浓度为1×10⁷/mL的孢子悬浮液作为接种体。番茄枯萎病苗期接种采用浸根法,其做法是:在番茄1片真叶时,将幼苗拔起用水将根系冲洗干净,放入接种体中浸根10 min,然后移栽于营养钵内。移栽后要加强管理,保持室温在25~30℃,土温在25~28℃,光照强度在1×10⁴ lx以上,接种后14 d调查发病情况。

六、实验结果分析

1.病情指数的计算

真菌性病害病情指数计算可参照病毒病病情指数计算公式进行。

如田间或室内各重复间病情指数差异不显著,取其平均值作为该品种(系)的田间或室内鉴定结果;如田间感病对照未发病,可以室内人工接种结果作为该品种(系)的抗病性鉴定结果。为了比较田间自然抗病性与室内人工接种鉴定结果,可采用相对抗性指数。相对抗性指数可参照"园艺植物病毒病害抗性品种比较试验"有关公式计算。

(1)白菜黑斑病单株病情分级标准

①人工苗期接种鉴定

0级:无病症;

1级:接种叶生褐色小点,无霉层;

3级:接种叶生2~3 mm的退绿斑,无霉层;

5级:接种叶生3 mm以上枯死斑,有少量霉层;

7 级:接种叶有 1/4~1/2 的叶面枯死,有较多的霉层;

9 级:接种叶有 1/2 以上的面积枯死,霉层明显。

②田间自然诱发鉴定

0 级:无病症;

1 级:下部叶片有个别到少量的病斑;

3 级:中下层叶有 1/4 以下的面积有病斑;

5 级:中下层叶有 1/2 以下的面积有病斑;

7 级:可见叶几乎均有病斑,病斑面积占叶面积的 3/4 以下,少数外叶干枯;

9 级:可见叶均有病斑,病斑面积占叶面积的 3/4 以上。多数外叶干枯。

(2)辣椒疫病单株病情分级标准

0 级:无病症;

1 级:部分叶片下垂,轻度萎蔫,根的小部分褐变,茎基稍褐变;

2 级:全部叶片萎蔫,明显落叶,根、茎基部、茎分权处部分褐变;

3 级:枯死,根的 1/2 以上及茎基部或茎分权处的大部分褐变或枯死;

(3)番茄枯萎病单株病情分级标准

0 级:无病症;

1 级:1 片或 2 片子叶明显变黄以致脱落;

2 级:1、2 片真叶变黄或全株变黄绿色,叶片下垂呈轻微萎蔫;

3 级:全株明显萎蔫或叶片严重变黄,植株生长受阻,稍矮化;

4 级:全株严重萎蔫至枯死。

2.群体抗性分类

(1)白菜黑斑病群体抗性分类

免疫:病情指数为 0;

高抗:病情指数为 0.1~11.1;

抗病:病情指数为 11.2~33.3;

中抗:病情指数为 33.4~55.6;

感病:病情指数为 55.7~77.8;

高感:病情指数为 77.9~100。

(2)辣椒疫病群体抗性分类

抗病:病情指数为 0~15;

中抗:病情指数为 15.1~30;

耐病:病情指数为 30.1~50;

感病:病情指数为 50 以上。

（3）番茄枯萎病群体抗性分类

高抗：病情指数为 0～5；

抗病：病情指数为 5.1～20；

中抗：病情指数为 20.1～40；

感病：病情指数为 40 以上。

3.结果统计

将试验结果填入表 20-1。

表 20-1　×××× 病害抗性品种比较试验

鉴定方法	品种	各感病级次株数								病情指数	抗病类型
		0	1	2	3	4	5	7	9		
田间自然鉴定											
室内接种鉴定											

七、作业及思考题

1.分析供试品种（系）对真菌性病害（白菜黑斑病，或辣椒疫病，或番茄枯萎菌）的抗性。

2.白菜黑斑病和辣椒疫病人工苗期抗性鉴定为什么一定要在密闭的温室或培养室进行？

3.白菜黑斑病病原菌孢子的诱导成功与否,在很大程度上确定能否成功地进行白菜黑斑病人工抗性鉴定。根据实验,拟定一个改进白菜黑斑病病原菌孢子诱导的研究方案。

4.番茄枯萎菌人工苗期抗性鉴定可否应用喷雾接种法?为什么?

5.三种真菌性病害人工苗期接种抗性鉴定的关键技术有哪些?

6.为什么白菜黑斑病人工苗期接种鉴定单株病情分级标准划分与田间自然诱发鉴定的不同?

7.根据园艺植物真菌性病害的鉴定方法,制定某一园艺植物特定真菌性病害的抗病性鉴定方案。

(编者:巩振辉)

实验21 园艺植物品种(系)细菌病害抗性比较试验

一、实验目的

学习园艺植物对细菌性病害抗性鉴定的方法与技术,掌握杧果细菌性黑斑病(细菌性角斑病)、番茄青枯病田间鉴定与室内鉴定的方法与技术。明确新品种,或新品系,或自交系对一种细菌性病害的抗性。

二、实验原理

细菌类病原的种类不太多,形态差异也不十分显著,但所致病害症状复杂多样,因此往往难以根据病症准确地判明病原,病症性状鉴定往往只能作为病原鉴定的辅助手段。如棒杆菌属主要引起萎蔫病状,假单胞菌属主要引起叶斑、腐烂或萎蔫症状,野杆菌属主要引起肿瘤等增生性症状,黄单胞菌属主要引起叶斑和叶枯病状,欧氏杆菌属主要引起腐烂,也能引起萎蔫病状。当看到叶斑、腐烂或萎蔫时,难以判明是哪一种菌属,往往有多种病原交互侵染。为了判明病原,提高对园艺植物品种(系)抗病性鉴定的准确性,一般都是先将病原分离提纯,对已知提纯的病原加以繁殖,通过人工接种的手段接种已知病原,将接种后的园艺植物置于该病原容易生长发育的条件下,使园艺植物发病。待病症显现之后,根据其对园艺植物的危害程度,对品种(系)抗病性强弱进行鉴定。这样,可以排除各种细菌病原交互侵染的干扰,较为客观地鉴定园艺植物品种(系)对某一病原的抗性。当前,园艺植物的细菌性病害主要有:柑橘溃疡病、杧果细菌性黑斑病(细菌性角斑病)、桃细菌性穿孔病、梨锈水病、核桃黑斑病、大白菜软腐病、黄瓜细菌性角斑病、番茄青枯病、菜豆细菌性日烧病等,由于病原对环境条件要求的不同,在病原培养、扩繁和人工接种、鉴定等方面应有所差异,但基本方法和步骤是相同或者相似的。以杧果细菌性黑斑病或番茄青枯病为例,学习掌握其基本方法与技术。

三、实验设计

(一)材料

1.对照品系

杧果细菌性黑斑病抗病对照:红象牙杧;感病对照:广西 10 号杧。番茄青枯病抗病对照:PI127805,或 Hawaii 7996,或 Saturn,或金锄头 3 号,或新星 108;感病对照:红玫瑰,或 L390,或浙杂 9 号,或秀丽。也可用已知感病或抗病的其他品种(系)。

2.供鉴定材料

杧果、番茄新品种,或新品系,或自交系若干。

3.其他

杧果细菌性黑斑病,或番茄青枯病病原菌、培养土、蛭石若干。

(二)试验设计

1.杧果细菌性黑斑病抗性鉴定

(1)田间人工接种试验:每个品种包括抗病、感病对照与供鉴定品种 5 株(嫁接苗或成年树均可),重复 3 次。

(2)室内人工接种试验:采用离体叶接种法。每个品种包括抗病、感病对照与供鉴定品种随机选取健康完整无病斑的古铜色叶、淡绿色叶、深绿色叶各 5 枚,重复 3 次。

2.番茄青枯病抗性鉴定

(1)田间鉴定:每份材料包括抗病、感病对照与供鉴定材料种植一个小区,每小区种植株数不小于 30 株,采用随机排列,重复 3 次。

(2)室内鉴定:供试材料(包括抗病、感病对照与供鉴定材料),每个设 4 次重复,每次重复 15~20 株。

四、仪器和试剂

(一)仪器和用具

显微镜、手持喷雾器、血球计数板、分光光度计、容量瓶、烧杯、吸管、载玻片、剪刀、刀片、量筒、保鲜袋、恒温箱、三角瓶、试管、移液管、培养皿、玻璃漏斗、玻璃棒等常规仪器和用品。

(二)试剂

牛肉浸膏、蛋白胨、葡萄糖、琼脂、蒸馏水、70%酒精等。

TZC培养基配方:甘油 5 mL/L,蛋白胨 10 g/L,水解酪蛋白 1 g/L,琼脂 15 g/L(倒平板前加入1%氯化三苯基四氮唑 5 mL/L)。

五、方法与步骤

(一)田间抗性鉴定

1.杧果细菌性黑斑病田间抗病性鉴定

(1)病原的繁殖及接种液配制:剪取病叶,用清水洗去灰尘,用0.1%升汞进行表面消毒 1 min 左右,灭菌水冲洗 3 次。用灭过菌的解剖刀切取若干小块病组织,放在灭过菌的盛有牛肉胨的培养皿中(牛肉浸膏 3 g、蛋白胨 10 g、葡萄糖 10 g、琼脂 17～20 g、蒸馏水 1 000 mL,pH 7.0～7.2),置于 25～30℃恒温箱里,一般 1～2 d 即可长满培养基的表面。为了保持细菌活力,可 1～2 d 后将病原菌转移到新的培养基上继续培养。实验时,用蒸馏水把培养基表面病原菌冲洗下来,倒入烧杯中,再用纱布过滤到另一烧杯里,然后用彼得罗夫-霍瑟方法计算悬浮液中的细菌数,即将悬浮液滴到记数载板上,置于显微镜下观察,数出载板上每个方格的细菌数,一般取 5～10 个方格中细菌数的平均数,乘以 2×10^7 即为每毫升细菌数。最后,用蒸馏水稀释到每毫升细菌数为 $10^6 \sim 10^7$ 个细菌时,即可作为接种液。

(2)田间人工接种鉴定:在抗病鉴定果园里,先用高压力的喷雾器(如机动喷雾)对供试植株进行喷水处理,造成微小伤口,然后选取若干新近成熟的健康枝梢,用手持喷雾器喷洒接种液于叶背和叶面至滴液为止,立即用保鲜袋套袋保湿(天气潮湿时可免去套袋),3 d 后除去袋子,进行隔日检查,确定病原菌的潜伏期,并按下述分级标准进行病情记录,计算病情指数和发病率。病情指数的计算参照实验 19"园艺植物品种(系)病毒病害抗性比较试验"有关内容进行,发病率按下式计算。

$$发病率 = \frac{调查病叶数}{调查总株数} \times 100\%$$

2.番茄青枯病田间抗病性鉴定

通常在病圃进行。番茄青枯病病圃的培育可参照"园艺植物品种(系)真菌病害抗性比较试验"一节中白菜黑斑病病圃培育的方法进行。在番茄开花坐果期,对田间试验的每个小区逐株按番茄细菌性黑斑病病情分级标准调查单株的病级,统计分析不同小区的病情指数。

如田间或室内各重复间病情指数差异不显著,取其平均值作为该品种(系)的田间或室内鉴定结果;如田间感病对照未发病,以室内人工接种结果作为该品种(系)的抗病性鉴定结果。为了比较田间自然抗病性与室内人工接种鉴定结果,可采用相对抗性指数。相对抗性指数可参照"园艺植物品种(系)病毒病害抗性比较试验"有关公式计算。

3.大白菜软腐病田间抗病性鉴定

通常在发病的连作田进行。于11月上旬收获时逐株调查病情。

(二)室内人工接种鉴定

1.杧果细菌性黑斑病抗性鉴定

将采样叶片用清水冲洗后,用70%酒精消毒,再用无菌水冲洗,用接种针轻刺杧果叶背支脉一侧,以刺破表皮为宜,用不带针头的常用一次性注射器(孔口直径约2 mm)对准伤口注射接种,接种点直径与针管口直径基本一致。每张叶片每侧接2个点。接种后喷水套袋保湿,第3天开始调查发病情况,大量病斑表现症状后,测量病斑长宽,按病害分级标准计算病情指数。分析不同叶龄、不同品种(系)的抗病性。

2.番茄青枯病抗性鉴定

(1)病原菌的分离:取田间病株的近地茎部,用自来水洗去泥土,晾干,在超净工作台上将茎蘸上95%的酒精并在火焰上灼烧进行表面消毒,用灭菌的解剖刀削去表皮,在维管束的褐变部位切取少量组织;在灭菌的培养皿底上加1滴灭菌水,将所取病部组织置于其中,用解剖刀捣碎,静置片刻;用接种环蘸取浸出液在 TZC 培养基(甘油5 mL/L+蛋白胨10 g/L+水解酪蛋白1 g/L+琼脂15 g/L+倒板前加入1%氯化三苯基四氮唑5 mL/L)平板上自左至右划线数条,再转动培养皿的位置,接种环经火焰上灭菌并冷却后连接上线并开始又划数条线,如此划线3、4次,可得分散的单个菌落;将已划线的平板静置30℃恒温箱中培养36~48 h,选取典型的毒性菌落(流动态、黏液状、中央粉红色、周围有污白边)在 TZC 平板上纯化2、3次即得纯菌种。

(2)接种植株的准备:可参照实验19中"番茄 TMV、CMV 人工接种抗性鉴定适宜苗态的培养"进行。待秧苗长至4~5片真叶,即可接种。

(3)接种体制备:将纯菌种用划线法在不含氯化三苯基四氮唑的 TZC 培养基上扩大培养,36~48 h 后在培养皿中倒入少量蒸馏水,用无菌毛笔将平板表面菌落洗下;用蒸馏水或自来水调配成10^8 cfu/mL($OD_{600\ nm}$=0.3)的细菌悬浮液,接种前

将其稀释为 1×10^6 cfu/mL 供接种用。

(4)接种鉴定:抗病性鉴定多用根接法。具体接种方法是每株在根部浇灌接种体 30 mL,接种后保持较高的温度(28℃)和较高的湿度(RH≥90%)。接种后每 7 d 观察 1 次,共观察 5 周。分别统计各个品种(系)发病率与病情指数。

3.大白菜软腐病抗性鉴定

(1)育苗:在封闭完好的玻璃温室内进行。使用经过高温灭菌的营养土及 8 cm×8 cm 的营养钵育苗。种子充实饱满,发芽势一致,每钵播 2 粒,覆土厚度 0.8~1.0 cm,待秧苗长至 5~7 叶时,即可接种。

(2)菌液制备:在苗期抗性鉴定前 2 d,在牛肉胨培养基上,用培养皿平板划线后置 28℃恒温箱中培养 24 h,利用混浊度计数标定细菌含量,接种浓度为 3.0×10^8 cfu/mL。

(3)接种方法:采用针刺法对大白菜不同品种(系)的植株进行接种鉴定,每个品种(系)接种 3 株,每株 3 处接种点,重复 3 次。

(4)接种后管理:接种后采用塑料膜保湿,在 15~21℃,100%的相对湿度下保湿培养 7~8 d(保湿最初 48 h 应遮阴),即可揭膜调查发病情况。

六、实验结果分析

(一)杧果单株(叶)病情分级标准

0 级:病斑症状不明显,甚至无症状;

1 级:病斑平均直径小于 2.0 mm;

2 级:病斑平均直径 2.1~4.0 mm;

3 级:病斑平均直径 4.1~6.0 mm;

4 级:病斑平均直径大于或等于 6.1 mm。

(二)番茄单株病情分级标准

1.人工苗期接种鉴定

0 级:无症状;

1 级:1 片叶半萎蔫;

3 级:2、3 片叶萎蔫;

5 级:除顶端 1、2 片叶外,其余叶片均萎蔫;

7 级:所有叶片均萎蔫;

9 级:叶片和植株枯死。

2.田间病圃诱发鉴定

0 级:植株枝、叶健康,无病症;

1 级：植株顶端，1～3 片叶中午呈萎蔫状，早、晚恢复与健株相似；

3 级：植株自上向下有 4～6 片叶中午萎蔫，早、晚可恢复正常；

5 级：植株有 1/3 叶片萎蔫，早、晚有恢复能力；

7 级：植株有 1/2 以上枝、叶萎蔫，或半边萎蔫，早、晚无明显恢复；

9 级：全株枝、叶萎蔫枯死。

(三)大白菜软腐病单株病情分级标准

1.田间鉴定

0 级：无病；

1 级：仅外部叶柄基部有零星病斑；

2 级：外部叶片腐烂剥落，但内部完好；

3 级：整株腐烂。

2.人工苗期接种鉴定

0 级：接种点无侵染病症；

1 级：病斑刚开始形成，呈水渍状；

3 级：病斑已产生但直径小于 1 cm；

5 级：病斑 1 个且直径大于 1 cm；

7 级：病斑 2 个且直径大于 1 cm；

9 级：病斑成片，叶柄大部或全部腐烂。

(四)群体抗性分类

1.杧果细菌性黑斑病群体抗性分类

免疫(I)：平均病情指数＝0；

高抗(HR)：平均病情指数为 0～10.0；

抗病(R)：平均病情指数为 10.1～30.0；

中抗(MR)：平均病情指数为 30.1～50.0；

感病(S)：平均病情指数＞50.0。

2.番茄青枯病群体抗性分类

免疫(I)：平均病情指数＝0；

高抗(HR)：平均病情指数为 0～20.0；

中抗(MR)：平均病情指数为 20.1～40.0；

耐病(T)：平均病情指数为 40.1～60.0；

感病(S)：平均病情指数＞60.0。

(五)结果统计

将试验结果填入表 21-1。

表 21-1　××××病害抗性品种(系)比较试验

鉴定方法	品种(系)	各感病级次株数								病情指数	发病率/%	抗病类型
		0	1	2	3	4	5	7	9			
田间自然鉴定												
室内接种鉴定												

七、作业及思考题

1.分析供试品种(系)对细菌性病害(枇果细菌性黑斑病,或番茄青枯病)的抗性。

2.在枇果细菌性黑斑病或番茄青枯病病原的人工繁殖过程中,为了防止杂菌侵染应注意控制哪些条件?

3.园艺植物对细菌性病害抗性的田间鉴定,有时效果不显著,可能是什么原因造成的?

4.三种细菌性病害人工苗期接种抗性鉴定的关键技术有哪些?

5.根据园艺植物细菌性病害的鉴定方法,制定某一园艺植物特定细菌性病害的抗病性鉴定方案。

(编者:巩振辉)

实验22　园艺植物品种抗寒性比较试验

一、实验目的

了解园艺植物抗寒性鉴定的基本原理;掌握园艺植物抗寒性品种比较试验设计要点及抗寒性鉴定的方法。

二、实验原理

寒害泛指低温对作物生长发育所引起的损害。根据低温的程度,分为冻害和冷害两种。前者指气温下降到冰点以下使作物体内结冰而受害的现象;后者则指0℃以上的低温影响作物正常生长发育的现象。

园艺作物的抗寒性是指园艺作物低温条件下所具有的适应性和抵抗能力,如在低温逆境条件下表现出伤害最轻、产量下降最少等现象。目前,蔬菜抗寒性的鉴定方法主要有田间鉴定、实验室鉴定、人工模拟逆境鉴定等。

在田间的自然低温条件下,蔬菜的生长发育会受到不同程度的影响,常以植株形态特征和经济性状对低温逆境反应异常变化的强弱为依据,鉴定蔬菜的抗寒性。田间鉴定主要是通过植株性状和产量的调查比较,判断其抗寒性的强弱。田间鉴定比较直观、有效,是最简便、最常用的方法之一。

逆境生理生化指标测定法是指在实验室内对试验材料在低温条件下反映出来的生理生化指标进行测定,深入研究各生理生化指标与抗寒性关系,从而评价各品种或资源的抗寒性。此法能在较短时间内对大量供试材料进行测定,结果容易定量分析。

人工模拟逆境鉴定法是将供试材料种于人工设定的低温条件下,按需要研究不同生育阶段的抗寒性,观察其生长及受害情况并加以评价。这种方法具有快捷、可重复性高的特点。人工模拟逆境鉴定和田间自然鉴定具有很好的一致性。但此法需要一定的设施条件和资金投入,难以大批量地进行。

三、材料及用具

(一)材料

番茄、黄瓜等不同品种的幼苗若干(番茄苗4～5片真叶,黄瓜苗2～3片真叶)。

(二)设备、仪器

人工气候室或人工气候箱或光照培养箱,分光光度计,冷冻离心机,研钵,100 mL 小烧杯,容量瓶,大试管,普通试管,移液管,注射器,恒温水浴锅,漏斗,漏斗架,滤纸,剪刀。

(三)试剂

酸性茚三酮溶液(将 1.25 g 茚三酮溶于 30 mL 冰醋酸和 20 mL 6 mol/L 磷酸中,搅拌加热(70℃)溶解,贮于冰箱中)、3%磺基水杨酸(3 g 磺基水杨酸加蒸馏水溶解后定容至 100 mL)、5%三氯乙酸(TCA)、0.67%(W/V)硫代巴比妥酸(TBA)、冰醋酸、甲苯。

四、实验内容

测定各品种模拟逆境下的冷害指数;低温处理后各品种的相对电导率、脯氨酸、丙二醛的含量。

五、方法与步骤

将培养适宜苗龄的番茄苗、黄瓜苗置于人工气候室(人工气候箱或光照培养箱均可)低温胁迫处理 5 d。番茄低温胁迫处理的温度为 7℃/3℃(昼/夜),黄瓜低温胁迫处理的温度为 12℃/8℃(昼/夜),两者光照强度都平均为光量子通量密度(photon flux density,PFD)115 μmol/(m² · s),光照时间 14 h/d。以常温条件作为对照,PFD 115 μmol/(m² · s),光照时间 14 h/d,温度为 25℃/18℃(昼/夜)。

(一)冷害指数的测定

根据冷害程度分级标准,调查低温胁迫后番茄、黄瓜幼苗各品种的危害程度,并计算冷害指数。

冷害程度分级标准:

0 级:叶片正常未受冷害;

1 级:仅有少数叶片边缘有轻度的皱缩萎蔫;

2 级:半数以下的叶片萎蔫死亡,但主茎未死,恢复常温后能长出新叶;

3 级:半数以上叶片萎蔫死亡,主茎死亡;

4 级:植株全部死亡。

$$冷害指数 = \frac{\sum(各级株数 \times 冷害级值)}{冷害最高级数 \times 总株数} \times 100\%$$

(二)电导率的测定

以各品种常温管理的小苗为试材,每一品种取叶片 6~8 片,用直径为 1 cm 的打孔器取样(不取中脉),称取 0.1 g,用去离子水浸洗后,装入含 10 mL 去离子水的试管中,抽气 15 min,静置 120 min,用电导仪测定电导值 C_1;再煮沸 15 min,冷却至室温测定电导值 C_2。计算相对电导率。

$$相对电导率 = \frac{C_1}{C_2} \times 100\%$$

(三)脯氨酸含量的测定

1.标准曲线的绘制

(1)用容量瓶分别配制 1 $\mu g/mL$、2 $\mu g/mL$、3 $\mu g/L$、4 $\mu g/mL$、5 $\mu g/mL$ 及 6 $\mu g/mL$ 的脯氨酸标准溶液 50 mL。

(2)取 6 支试管,分别吸取 2 mL 系列标准浓度的脯氨酸溶液、2 mL 冰醋酸和 2 mL 酸性茚三酮溶液,每管在沸水浴中加热 30 min。

(3)冷却后各试管准确加入 4 mL 甲苯,振荡 30 s,静置片刻,使色素全部转至甲苯溶液。

(4)用注射器轻轻吸取各管上层脯氨酸甲苯溶液至比色杯中,以甲苯溶液为空白对照,于 520 nm 波长处进行比色。

(5)标准曲线的绘制:先求出吸光度值(A)依脯氨酸浓度(x)而变的回归方程式,再按回归方程式绘制标准曲线。

2.样品的测定

(1)脯氨酸的提取:准确称取低温处理后的待测各品种叶片各 0.5 g,分别置于大试管中,然后向各管分别加入 3％的磺基水杨酸溶液 5 mL,在沸水浴中提取 10 min(提取过程中要经常摇动)。冷却后过滤于干净的试管中,滤液即为脯氨酸的提取液。

(2)吸取 2 mL 提取液于另一干净的带玻塞试管中,加入 2 mL 冰醋酸及 2 mL 酸性茚三酮试剂,在沸水浴中加热 30 min,溶液即呈红色。

(3)冷却后加入 4 mL 甲苯,摇荡 30 s,静置片刻,取上层液至 10 mL 离心管中,在 3 000 r/min 下离心 5 min。

(4)用吸管轻轻吸取上层脯氨酸红色甲苯溶液于比色杯中,以甲苯为空白对照,在分光光度计上 520 nm 波长处比色,求得吸光值。

(5)根据回归方程计算出(或从标准曲线上查出)2 mL 测定液中脯氨酸的含量,然后计算样品中脯氨酸含量的百分数。

(四)丙二醛含量的测定

(1)取各品种低温处理后的叶片 0.5 g,加 5％三氯乙酸(TCA)5 mL,研磨后所得匀浆在 3 000 r/min 下离心 10 min。

(2)取上清液 2 mL,加 0.67% 硫代巴比妥酸(TBA)2 mL,混合后在 100℃水浴上煮沸 30 min,冷却后再离心一次。

(3)分别测定上清液在 450 nm、532 nm 和 600 nm 处的吸光度值。

(4)根据公式计算样品中丙二醛(MDA)的含量,单位:μmol/g

$$\mathrm{MDA} = \frac{(A_{532} - A_{600}) \times 样品体积}{W(样品质量)0.155}$$

六、实验结果分析

计算各品种低温逆境下的冷害指数、相对电导率、脯氨酸含量、丙二醛含量,比较各品种抗寒性的差异。

七、作业及思考题

1.综合分析各品种抗寒性鉴定的各项参数,撰写品种抗寒性鉴定报告。

2.在没有人工气候箱或人工气候室的条件下,如何对园艺植物品种进行抗寒性鉴定?

3.除电导率、丙二醛含量、脯氨酸含量以外,还有哪些生理、生化指标和植物抗寒性显著相关?

(编者:王建军)

实验 23　园艺植物品种耐热性比较试验

一、实验目的

了解园艺植物耐热性鉴定的基本原理;掌握园艺植物耐热性品种比较试验设计要点及耐热性鉴定的方法。

二、实验原理

园艺作物的耐热性是指园艺作物在高温条件下所具有的适应性和抵抗能力,如在高温逆境条件下表现出伤害最轻、产量下降最少等现象。耐热性鉴定方法研究是蔬菜耐热性育种的一个重要组成部分,是耐热材料筛选和品种耐热性鉴定的关键手段。

目前耐热性鉴定的主要方法有:田间自然鉴定法,即通过调查不同品种田间自然高温条件下的生物学性状及经济性状的表现,统计热害指数,鉴定各品种的耐热性,从而进行耐热品种或资源的筛选。这种方法结果可靠但费力,周期长。逆境生理生化指标测定法,其原理是高温逆境下不同品种植株内部的生理生化过程发生不同程度的变化,以与抗热性显著相关的生理生化指标作为抗热性鉴定的依据。高温条件下园艺作物细胞膜热稳定性下降、游离脯氨酸含量提高、结合热害指数测定能较准确且快捷地反映出品种耐热性强弱。人工模拟逆境鉴定法是将供试材料种于人工设定的高温条件下,按需要研究不同生育阶段的耐热性,观察其生长及受害情况并加以评价。这种方法具有快捷、可重复性高的特点。人工模拟逆境鉴定和田间自然鉴定具有很好的一致性。但此法需要一定的设施条件和资金投入,难以大批量地进行。

由于环境条件的复杂性和园艺对逆境胁迫的多样性,单凭个别指标往往难以确定某种蔬菜的抗性,所以应加强抗热综合指标的评价研究。

三、材料及用具

(一)材料

番茄、黄瓜等不同品种的幼苗若干(具有 4～5 片真叶的番茄苗,2～3 片真叶的黄瓜苗)。

(二)工具

电导仪、天平、分光光度计、恒温水浴锅、研钵、100 mL 小烧杯、容量瓶、大试管、普通试管、移液管、注射器、水浴锅、漏斗、漏斗架、滤纸、打孔器、剪刀。

(三)试剂

酸性茚三酮溶液(将 1.25 g 茚三酮溶于 30 mL 冰醋酸和 20 mL 6 mol/L 磷酸中,搅拌加热(70℃)溶解,贮于冰箱中)、3%磺基水杨酸(3 g 磺基水杨酸加蒸馏水溶解后定容至 100 mL)、冰醋酸、甲苯。

四、实验内容

测定模拟逆境下各品种的热害指数、种子发芽率及高温处理后各品种的相对电导率、可溶蛋白、脯氨酸的含量。

五、方法与步骤

(一)发芽率的测定

分别测定 35℃、38℃下番茄、黄瓜各品种的发芽率及胚根长度。

(二)热害指数测定

取各品种番茄苗、黄瓜苗 18 株,分 3 次重复,置于光照培养箱,设置温度条件为每天 30℃/18 h,40℃/6 h,光照条件为 12 h/d,处理 3 d 后调查幼苗热害等级,计算热害指数。

热害分级标准为:

0 级:无热害症状;

1 级:1~2 片叶变黄;

2 级:全部叶变黄;

3 级:1~2 片叶萎蔫;

4 级:整株萎蔫枯死。

$$热害指数 = \frac{\sum(各级株数 \times 级数)}{最高级数 \times 总株数} \times 100\%$$

(三)电导率的测定

高温处理后各品种取叶片 6~8 片,用直径为 1 cm 的打孔器取样(不取中脉),称取 0.1 g,用去离子水浸洗后,装入含 10 mL 去离子水的试管中,置于 48℃水浴中处理 6 min,处理取出后马上用水冷却,终止高温胁迫,在 20~25℃室温下,用电导仪测定电导值 C_1,再煮沸 15 min 冷却至室温,测定电导率 C_2。

计算相对电导率,

$$相对电导率 = \frac{C_1}{C_2} \times 100\%$$

(四)脯氨酸含量测定

1. 标准曲线的绘制

(1)用容量瓶分别配制 1 μg/mL、2 μg/mL、3 μg/mL、4 μg/mL、5 μg/mL、6 μg/mL 的脯氨酸标准溶液 50 mL。

(2)取 6 支试管,分别吸取 2 mL 系列标准浓度的脯氨酸溶液、2 mL 冰醋酸和 2 mL 酸性茚三酮溶液,每管在沸水浴中加热 30 min。

(3)冷却后各试管准确加入 4 mL 甲苯,振荡 30 s,静置片刻,使色素全部转至甲苯溶液。

(4)用注射器轻轻吸取各管上层脯氨酸甲苯溶液至比色杯中,以甲苯溶液为空白对照,于 520 nm 波长处进行比色。

(5)标准曲线的绘制。先求出吸光度值(Y)依脯氨酸浓度(X)而变的回归方程式,再按回归方程式绘制标准曲线。

2.样品的测定

(1)脯氨酸的提取:准确称取高温处理后的待测各品种叶片各 0.5 g,分别置于大试管中,然后向各管分别加入 3% 的磺基水杨酸溶液 5 mL,在沸水浴中提取 10 min。冷却后过滤于干净的试管中,滤液即为脯氨酸的提取液。

(2)吸取 2 mL 提取液于另一干净的带玻塞试管中,加入 2 mL 冰醋酸及 2 mL 酸性茚三酮试剂,在沸水浴中加热 30 min,溶液即呈红色。

(3)冷却后加入 4 mL 甲苯,摇荡 30 s,静置片刻,取上层液至 10 mL 离心管中,在 3 000 r/min 下离心 5 min。

(4)用吸管轻轻吸取上层脯氨酸红色甲苯溶液于比色杯中。以甲苯为空白对照,在分光光度计上 520 nm 波长处比色,求得吸光值。

(5)根据回归方程计算出(或从标准曲线上查出)2 mL 测定液中脯氨酸的含量,然后计算样品中脯氨酸含量的百分数。

六、实验结果分析

计算各品种高温下的发芽率、热害指数、相对电导率、脯氨酸含量,比较各品种耐热性的差异。

七、作业及思考题

1.综合分析各品种耐热性鉴定的各项参数,撰写品种耐热性鉴定报告。

2.在没有人工气候箱或人工气候室的条件下,如何对园艺植物品种进行耐热性鉴定?

3.除电导率、脯氨酸含量以外,还有哪些生理指标和植物耐热性显著相关?

(编者:王建军)

实验 24　园艺植物品种抗旱性比较试验

一、实验目的

了解园艺植物抗旱性的田间鉴定技术,掌握抗旱性室内鉴定指标及其测定方法,学会利用各种鉴定方法判断不同品种的抗旱性强弱。

二、实验原理

园艺植物抗旱性是指其对干旱环境的适应或抗御能力,尤指在土壤干旱或干燥条件下园艺植物不仅能存活下来,而且能使产量稳定在一定水平的能力。筛选和培育园艺植物抗旱品种不仅有利于节水、节能生产的可持续发展,且有利于保护地生产的病害预防。

由于园艺植物在生长过程中常受到干旱威胁,因此在长期适应进化中就会形成各种抗旱机能。在形态方面,一般植物叶表面有角质层,栅栏细胞排列紧密,有的植物叶片有茸毛,有的干旱时落叶、卷叶,还有叶片萎蔫程度、根系的长度、数量及其分布等,均与其抗旱性有关;在生理指标上,可自行开合气孔控制蒸腾、对缺水的渗透调节、叶片的持水力等;在生化指标上,主动提高体内糖和氨基酸含量等,以增强吸水能力,主动抑制分解酶活性以保持在干旱下的代谢平衡,以及植株激素水平的应答反应。根据形态、生理和生化指标进行园艺植物抗旱性的间接鉴定,对抗旱性品种的筛选和培育虽有一定的参考价值,但在许多间接鉴定筛选方法中,还没有一种单独的技术足以可靠地测定所有植物的干旱反应,只能采用与各地区旱害类型和植物种类相适应的方法,再配合田间试验,才能得到较准确的评价。

三、材料及用具

(一)试材

盆栽或盘栽的番茄、大白菜、沙芥、甜瓜、葡萄等不同品种的幼苗(番茄 7、8 片真叶,大白菜 2、3 片真叶,沙芥 6、8 片真叶,甜瓜 3、4 片真叶,葡萄采用一年生扦插苗,缓苗成活后生长 1~2 个月即可实验),一般每盆栽种 1~2 株或每盘栽种 20~30 株;番茄、大白菜等可采用直接或育苗移栽的方式种植到人工控制干旱条件下的温室或鉴定实验田。

(二)用具

1. 盆栽、盘栽简易鉴定

育苗用盆或育苗盘、塑料薄膜、米尺、放大镜。

2.种子发芽率及叶片持水力鉴定

恒温箱、分析天平、干燥箱、培养皿(9 cm 或 15 cm)、滤纸、剪刀、镊子、厘米尺。

3.可溶性糖及游离脯氨酸含量的测定

分光光度计、水浴锅、振荡混合器、研钵、试管、玻璃漏斗、剪刀、移液管(2 mL、5 mL)、玻璃球、烧杯。

4.质膜透性的鉴定

碎玻片、振荡器、电导率仪。

(三)药品

升汞、蔗糖、NaCl、乙醇、沸石、活性炭、冰醋酸、磷酸、甲苯、脯氨酸、蒽酮试剂、石英砂、酸性茚三酮试剂。

四、实验内容

1.田间直接鉴定法

依照园艺植物不同品种在田间旱情分级标准,测定不同品种的旱害指数和旱死率,来确定不同品种的抗旱性强弱。

2.室内鉴定法

依照高渗液中种子发芽率、萎蔫叶片持水力和幼苗盆栽实验测定各项指标,对其结果进行数据分析(分析方法有综合指标法、隶属函数分析、灰色关联分析法),最后确定不同品种的抗旱性强弱。

五、方法与步骤

(一)田间直接鉴定法

在干旱时期内,观察记载田间植株的生长状况,特别是叶片的凋萎状况,可以在某种程度上说明不同品种的抗旱程度。当干旱来临时,园艺植物由于缺乏水分而开始受害,逐渐凋萎,叶片变黄并干枯,造成不同程度受害减产。

田间直接鉴定可采用下面计分制来评定品种抗旱性,级数越高,抗旱性越弱。一般情况下,不同植物的分级标准不同,分级标准可依据植物的受害情况来确定。

1.番茄苗期旱害指数分级标准

0级:幼苗正常生长,无任何症状;

1级:新叶暗淡,外叶明显萎蔫;

3级:新叶明显萎蔫,外叶严重萎蔫,茎直立;

5级:叶严重萎蔫,茎倒伏或半倒伏

7级:植株严重萎蔫失水,茎倒伏;

其中5级、7级为极度干旱症状。

2.葡萄旱害指数的分级标准

0级:植株生长发育与未处理(对照)无明显差异;

1级:植株叶片有1/3发生萎蔫;

2级:植株叶片有2/3发生萎蔫;

3级:植株叶片全部萎蔫或叶片边缘开始黄化干枯;

4级:植株叶片严重黄化并30％叶片干枯;

5级:植株50％叶片黄化干枯,并发生脱落。

3.旱害指数和旱死率的计算公式

$$旱害指数 = \frac{\sum(旱害级值 \times 相应旱害级值株数)}{旱害最高级 \times 总株数} \times 100\%$$

$$旱死率 = \frac{干旱死亡株数}{处理总株数} \times 100\%$$

(二)室内鉴定法

1.种子在高渗溶液条件下的发芽率测定

(1)将园艺植物不同品种的供试种子置于0.1％升汞溶液中消毒10 min。

(2)培养皿内铺上滤纸,加10 mL蔗糖溶液(不同植物适应蔗糖的极限浓度不同,甜瓜的极限浓度为10％),对照加10 mL蒸馏水,每皿1个品种,放50粒种子,重复4次。

(3)将培养皿置于恒温培养箱内,适宜温度下催芽。

(4)催芽结束后,鉴定种子发芽率和萌芽胁迫指数,然后进行不同品种抗旱性分级。抗旱性越强的品种发芽率和萌芽胁迫指数越高,反之则越低。

$$萌芽胁迫指数 = \frac{干旱胁迫下种子萌发指数}{对照种子萌发指数} \times 100\%$$

$$萌发指数 = \sum(G_t/D_t)$$

式中:G_t为第t天种子发芽数;

D_t为对应的种子发芽的天数。

2.叶片水分指标测定

(1)萎蔫条件下叶片持水力的测定

①切取各品种等长、同位置的叶片若干,当即称重,重复4次。

②将叶片放入干燥器中,置于25～30℃黑暗条件下干燥若干小时(以萎蔫开始12 h止)。

③称量萎蔫后叶片重量,计算出各品种不同重复的失水百分率。

④求出平均失水百分率,并进行比较。

一般抗旱强的品种叶片的持水力高于抗旱性差的品种。

(2)水分饱和亏(WSD)、相对含水量(RWC)、束缚水含量、组织水含量、自由水含量测定:每品种随机抽取 5 株,用电子天平分别称量植株鲜质量、饱和后鲜质量(在室温条件下,将新鲜材料放于清水中 6h 后的质量)、失水质量(在室温黑暗条件下,将新鲜材料放置 12 h 后的质量)、干质量,最后算出水分状况指标。重复 4 次。

$$水分饱和亏(WSD)=\frac{饱和后鲜质量-鲜质量}{饱和后鲜质量-干质量}\times100\%$$

$$束缚水含量=\frac{失水质量-干质量}{鲜质量}\times100\%$$

$$叶片相对含水量(RWC)=\frac{鲜质量-干质量}{饱和后鲜质量-干质量}\times100\%$$

$$自由水含量=\frac{鲜质量-失水质量}{鲜质量}\times100\%$$

$$组织水含量=自由水含量+束缚水含量$$

在相同环境条件下,植物体内自由水含量与水分饱和亏越高,植物抗旱性越差,反之,植物抗旱性越强。

3.室内盆栽鉴定法

(1)试验方法及设计

1)取等量泥土置于各盆中,用水浇透。

2)待水渗完后,将育好的幼苗移入盆中,或每盆各等量点播 1 个供试品种,每品种重复 2～3 次,播种完后在各盆中均匀撒上 1～2 cm 厚的泥土,插上标牌。

3)将盆置于温室中(或置于既能避雨又能见到阳光处),并用塑料薄膜覆盖盆钵,以保持盆内湿度,利于幼苗生长或出苗。

4)待幼苗生长到适宜大小后,人工控制水分。采用随机区组设计,共设 4 个土壤水分处理,即土壤相对含水量分别为田间持水量的 80%(正常处理,即对照)、60%(轻度干旱胁迫)、40%(中度干旱胁迫)和 20%(严重干旱胁迫),每处理设 4 个重复。每天定时称量盆重,补充当天失去的水分,使各处理保持设定的相对含水量,不同园艺植物干旱胁迫天数也各不相同,选取适宜胁迫天数的叶片进行各项指标测定。

(2)抗旱相关指标的测定

1)株高和干物质胁迫指数:每处理随机抽取 5 株幼苗,分别测定处理和对照植株的株高、干物质量,取其测量平均值。株高用直尺测量,即子叶到生长点的长度,质量用 1/100 的电子天平测量。重复 4 次。计算:

$$干物质胁迫指数 = \frac{干旱处理幼苗干物质量}{对照幼苗干物质量} \times 100\%$$

$$株高胁迫指数 = \frac{干旱处理幼苗株高}{对照幼苗株高} \times 100\%$$

株高胁迫指数及干物质胁迫指数越高,表明其抗旱性越强。

2)质膜透性:剪下处理过的叶片,称量 1.0 g,放入三角瓶中,用碎玻片压住,加入 20 mL 的无离子水,在振荡器上浸泡 4 h。用 DDS-ⅡA 型电导率仪先测定浸泡液的电导率值,然后再将测定过电导值的各浸泡液放入沸水中煮沸 15 min,冷却至室温再测一次总电导率值。重复 4 次。

$$电解质渗出率 = \frac{浸泡液电导率值}{煮沸后电导率值} \times 100\%$$

$$伤害率 = \frac{处理电导率值 - 对照电导率值}{处理煮沸后电导率值 - 对照电导率值} \times 100\%$$

电解质渗出率和伤害率越低,说明干旱胁迫下伤害越轻,品种抗旱性越强。

3)可溶性糖含量:用蒽酮比色法测定。

①标准曲线的制作:将分析纯蔗糖在 80 ℃下烘至恒重,精确称取 1.000 g。加入少量水溶解,转入 100 mL 容量瓶中,加入 0.5 mL 浓硫酸,用蒸馏水定容到刻度。精确吸收 1% 蔗糖标准液 1 mL 加入 100 mL 容量瓶中,加水至刻度。取 20 mL 刻度试管 11 支,从 0～10 分别编号,按表 24-1 加入溶液和水。然后按顺序向试管中加入 0.5 mL 蒽酮乙酸乙酯和 5 mL 浓硫酸,充分振荡,立即将试管放入沸水浴中,逐管均准确保温 1 min,取出后自然冷却至室温,以空白作参比,在 630 nm 波长下测其吸光度,以吸光度值为纵坐标,以糖含量为横坐标,绘制标准曲线,并求出标准线性方程。

表 24-1　蒽酮法测可溶性糖制作标准曲线的试剂量

试剂	管号					
	0	1、2	3、4	5、6	7、8	9、10
100 μg/mL 蔗糖溶液/mL	0	0.2	0.4	0.6	0.8	1.0
蒸馏水/mL	1.0	0.8	0.6	0.4	0.2	0
蔗糖量/μg	0	20	40	60	80	100

②可溶性糖含量测定:取不同品种的新鲜叶片,擦净表面污物,剪碎混匀,称取 0.10～0.30 g,放入刻度试管中,加 5～10 mL 蒸馏水,塑料薄膜封口,于沸水中提取 30 min(提取 2 次),提取液过滤入 25 mL 容量瓶中,反复漂洗试管及残渣,定容至刻度。吸取样品提取液 0.5 mL 于 20 mL 刻度试管中(重复 3 次),加 1.5 mL 蒸馏水,以下步骤与标准曲线测定相同,按顺序加入蒽酮、浓硫酸溶液,显色并测定样品的吸光度,根据下式计算测试样品的糖含量。

$$可溶性糖含量 = \frac{\frac{C}{V_s} \times V_t \times n}{W} \times 100\%$$

式中:C 为从标准曲线查得的糖量(μg);

　　　n 为稀释倍数;

　　　V_t 为样品提取液总体积(mL);

　　　V_s 为显色时取用的样品提取液体积(mL);

　　　W 为样品重(g)。

4)游离脯氨酸(Pro)含量:用磺基水杨酸法的测定。

①标准曲线的绘制:在分析天平上精确称取 25 mg 脯氨酸,倒入小烧杯内,用少量蒸馏水溶解,然后倒入 250 mL 容量瓶中,加蒸馏水定容至刻度,此标准液中每毫升含脯氨酸 100 μg;取 6 个 50 mL 容量瓶,分别盛入脯氨酸原液 0.5 mL、1.0 mL、1.5 mL、2.0 mL、2.5 mL 及 3.0 mL,用蒸馏水定容至刻度,摇匀,各瓶的脯氨酸浓度分别为 1 μg/mL、2 μg/mL、3 μg/mL、4 μg/mL、5 μg/mL 及 6 μg/mL;取 6 支试管,分别吸取 2 mL 系列标准浓度的脯氨酸溶液及 2 mL 冰醋酸和 2 mL 酸性茚三酮溶液,每管在沸水浴中加热 30 min;冷却后各试管准确加入 4 mL 甲苯,振荡 30 s,静置片刻,使色素全部转至甲苯溶液;用注射器轻轻吸取各管上层脯氨酸甲苯溶液至比色杯中,以甲苯溶液为空白对照,于 520nm 波长进行比色。

先求出吸光度值(A),依脯氨酸浓度(x)而变的回归方程式,再按回归方程式绘制标准曲线,计算 2 mL 测定液中脯氨酸的含量(μg/2 mL)。

②样品的测定:准确称取不同品种的待测叶片 0.5 g,分别置入具塞试管中,然后向各管分别加入 5 mL 3% 的磺基水杨酸溶液,加塞后在沸水浴中提取 10 min (提取过程中要经常摇动),冷却后过滤于干净的试管中,滤液即为脯氨酸的提取液;吸取 2 mL 提取液于另一干净的玻璃试管中,加入 2 mL 冰醋酸及 2 mL 酸性茚三酮试剂,在沸水浴中加热 30 min,溶液即成红色;冷却后加入 5 mL 甲苯,振荡 30 s 后,静置片刻,取上层液到 10 mL 离心管中,在 3 000 r/min 下离心 5 min;用吸管轻轻吸取上层脯氨酸红色甲苯溶液于比色杯中,以甲苯为空白对照,在分光光

度计上 520 nm 波长处比色,求得吸光度值;根据回归方程式计算出(或从标准曲线上查出)2 mL 测定液中脯氨酸的浓度,然后计算样品中脯氨酸含量的百分数。计算公式如下:

$$脯氨酸含量(\mu g/g) = \frac{x \times \dfrac{V_T}{V_S}}{W}$$

式中:x 为由标准曲线查得的 2 mL 提取液中脯氨酸浓度($\mu g/2\ mL$);

$\qquad V_T$ 为提取液总体积(mL);

$\qquad V_S$ 为测定时吸取的体积(mL);

$\qquad W$ 为样品重(g)。

不同品种在干旱胁迫下,体内水分状况相似的情况下,其游离脯氨酸积累量有明显差异,一般来说游离脯氨酸积累量与抗旱性呈正相关,但在某些情况下,抗旱性弱的品种,体内水势下降得快,游离脯氨酸积累得也快。

六、实验结果分析

1. 综合指标法

综合指标法就是用几个指标综合评定园艺植物的抗旱性,使单个指标对评定抗旱性的局限性得到其他指标的弥补和缓解,从而使评定的结果与实际结果较为接近。根据多项指标所测数据,把每个指标数据分为 4～5 个级别,再把同一品种的各指标级别值相加,即得到该品种的抗旱总级别值。

2. 隶属函数法

采用模糊数学隶属函数的方法,对品种各个抗旱指标的隶属值进行累加,求取平均数,并进行品种间比较,以评定抗旱性,计算方法如下。

1)分别对所测的抗旱指标用下式求每个品种各指标的具体隶属值:

$$X(u) = \frac{X - X_{\min}}{X_{\max} - X_{\min}}$$

式中:X 为各品种的某一指标测定值;

$\qquad X_{\max}$ 为所用品种某一指标测定值内的最大值;

$\qquad X_{\min}$ 为该指标中最小值。

2)如某一指标与抗旱性为负相关,可用反隶属函数计算其抗旱隶属函数值:

$$X(u)_{反} = 1 - \frac{X - X_{\min}}{X_{\max} - X_{\min}}$$

3)把每一品种各指标的抗旱隶属值累加,求其平均数,平均数越大,抗旱性就越强。

3.灰色关联度分析法

灰色关联度分析法也是综合评价园艺植物不同品种间的实际抗旱能力的方法,为了消除品种间基础性状的差异,对参与分析的指标做了处理,采用各个指标的胁迫指数进行灰色关联度分析。

$$胁迫指数 = \frac{干旱胁迫下的指标值}{正常水分下的指标值} \times 100\%$$

$$灰色关联度:r_i = \frac{1}{n} \sum_{k=1}^{n} \zeta_i(k)$$

式中:r_i 为灰色关联度,i 品种个数,即 $1,2,\cdots,n$;

　　k 为方案个数;

　　$\zeta_i(k)$ 为第 k 点关联系数。

七、作业及思考题

1.简述鉴定抗旱性有哪几种常用的方法。

2.请选一种园艺植物设计不同品种抗旱性比较试验。

(编者:郝丽珍)

实验25　园艺植物品种耐涝性比较试验

一、实验目的

了解园艺植物耐涝性的田间鉴定技术,掌握实验室水培法鉴定耐涝性的方法,学会利用多种生理指标综合判断园艺植物耐涝性强弱的分析方法。

二、实验原理

涝害泛指由于灾害天气或者栽培措施不当造成的土壤水分过多,破坏植物水分平衡,造成植物根系缺氧,从而影响植物的生长发育、产量和品质。涝害可以细分为全株淹没(submergence)和部分淹水(waterlog)。全淹灾害不仅造成植物全株缺氧,水压带来的物理伤害也会发生。陆生的园艺植物一般不具有耐全淹能力,在严重全淹情况下死亡率较高。部分淹水情况下,园艺植物由于水分代谢失衡造成气孔关闭,蒸腾作用降低,从而水分和养分的吸收运输下降,光合作用受阻等生理症状。此外,由于土壤水分增加引起的根际含氧量大量下降,将对植物根系造成严重伤害。

目前,一般耐全淹胁迫能力以植株存活率为主要参考指标。部分淹水的鉴定方法分为田间直接鉴定和实验室精准鉴定。实验室精准鉴定方法在水淹程度的一致性和可控性上具有极大优势,并且结合根系生长指标,可以给出园艺植物不同品种的更加可靠的耐涝性比较结果。

三、材料及用具

(一)材料

盆栽或水培的西瓜、甜瓜、番茄、黄瓜等不同材料的幼苗,苗龄根据作物及试验条件不同有所区别,一般为2~4片真叶。

(二)用具

田间直接鉴定用具主要包括育苗盘或育苗砵、水平器、直尺、烘箱、分析天平等。实验室鉴定用具主要包括水培桶、通气泵、溶解氧仪、根系扫描仪、分光光度计、pH测量仪、恒温箱和人工气候箱等。

(三)药品

霍格兰营养液、氮气、琼脂、TTC、磷酸缓冲液、乙醇、甲醇、保险粉。

四、实验内容

1.田间直接鉴定法

依照园艺植物不同品种在田间水淹情况下,对存活率、下胚轴不定根数量、生物量、叶绿素含量、叶面积增量、植株高度增量等生理指标的不同,来确定不同品种的耐涝性强弱。

2.实验室鉴定法

利用溶氧定量水培法精准模拟不同涝害情况下的根系氧气含量差异,分析原生根系与次生根系的各项指标,最后确定不同品种的抗涝性强弱。

五、方法与步骤

(一)田间直接鉴定法

以西瓜为例,通过催芽将不同品种的幼苗统一苗龄为二叶一心期,每个品种样品至少 10 株。利用统一的育苗盘或育苗钵种植幼苗,确保土壤面基本持平。利用水平器将种植地面尽量摊平,保证所有植株尽量在一个水平面。水淹至土壤表面上方 3 cm 处,每天加水保持水面高度。另外在附近设置不淹水的正常栽培为对照组。水淹 14 d 后,统计各项指标。

1. 存活率测定

存活率为非生物胁迫抗性的最直观指标,对水淹较为敏感的园艺作物可能会在短期处理下出现植株死亡,可以直接以存活率为依据划分耐涝性能;对于存活率差异不显著的品种,可根据后续多个指标,利用隶属函数法区分耐涝性。

2. 不定根数量测定

选取土壤表面以上西瓜下胚轴上发生的长度大于 0.5 cm 的不定根进行统计。

3. 生物量测定

随机选取对照组及处理组各 4 株西瓜苗,洗净根系,吸水纸吸干,用锡箔纸(事先称重)包裹于 180℃烘箱中杀青 40 min,然后 80℃烘干至恒重,分析天平称重。

$$样品重量＝样品总重－锡箔纸重量$$

4. 叶绿素含量测定

随机取对照组及处理组各 3 株西瓜苗,混合取所有叶片,剪碎混匀后称取 3 份各 0.2 g 左右的样品置于 15 mL 离心管中,加入丙酮∶乙醇＝2∶1 混合的提取液 10 mL,盖紧盖子(减少挥发)。黑暗环境下浸提 24h(期间可多次振荡离心管,加速浸提),叶片完全变白后,于 662 nm 和 644 nm 波长下测定吸光值。

叶绿素计算公式:

$$C_a(\mu g/mL)＝9.78×A_{662}－0.99×A_{644}$$
$$C_b(\mu g/mL)＝21.4×A_{644}－4.65×A_{662}$$
$$总叶绿素(\mu g/mL)＝C_a＋C_b$$

计算出的叶绿素浓度单位为 $\mu g/mL$,浓度与提取液体积之积除以样品鲜重即为叶绿素含量,单位为 $\mu g/g$。

5. 叶面积及植株高度增量测定

叶面积的变化代表植株在水淹胁迫下的光合能力,株高的增加可以帮助地上部逃离水淹逆境,这两个指标可以间接地反映植物耐涝性能。实验中可以利用直尺直接测定,也可以结合专业图形软件测定光合面积和株型变化。

6.隶属函数分析

利用隶属函数分析多个指标后,依据平均隶属值代表不同品种的耐涝性能。隶属值计算公式:

$$X(u) = \frac{X - X_{\min}}{X_{\max} - X_{\min}}$$

式中:X 为待测品种某个指标的测定值;

$X_{\max}$ 为待测品系中所测指标中的最大值;

$X_{\min}$ 则为待测品系中所测指标的最小值。

(二)实验室精准鉴定法

植物根系是受水淹胁迫影响最直接的组织部位,在不伤害根系的前提下检测原生根系和次生根系的生理状态,能够更真实地反映植物的耐涝能力。实验室利用水培法种植试验材料,可精准控制参试材料的水淹程度;并且利用溶氧仪、通气泵和氮气罐可以事先精确模拟不同水淹程度下的根系环境含氧量。利用琼脂和氮气可以模拟严重水淹环境,植株症状出现时期可能比田间试验短。由于水淹胁迫可以与其他环境因素产生互相作用,可以使用人工气候箱控制稳定的温度、湿度及光周期。测量指标除了田间鉴定法的各指标外,可以增加根系生长及活力等生理指标。

1.溶氧定量水培法

该方法改良自水稻中耐涝机理研究的常用体系。水培营养液为霍格兰营养液,pH 调为6,不同物种由于养分喜好可微调。营养液每 4 d 更换 1 次,保证植株养分环境相当稳定。对照组使用正常霍格兰营养液,利用通气泵增加水培液中含氧量,调节通气强度并用溶氧仪测量水培液中氧气含量,保持溶液含氧量接近8 mg/L。低氧处理组在配置水培液前,先配制含 0.1％琼脂粉的纯净水,灭菌后搅拌冷却至 40℃以下,加母液配制霍格兰营养液。营养液氮催 2 次,每次 20～25 min,测量溶液溶氧量低于 0.5 mg/L。试验过程中,对照组持续通气模拟正常土壤环境含氧量,低氧组每天测量溶氧量,如含氧量回升可以利用氮催法排除氧气。

2.根系生长测定

水培法不会伤害植株根系,可以在处理后不同时间点取出后利用根系扫描仪记录植株根系生长状态。并且利用根系分析系统或人工测量根系长度、根系体积、根尖数等指标数据。比较对照组和处理组在处理前后的根系生长相对变化量。

3.根系活力测定(TTC 测定法)

不同品种可在处理一段时间后,取对照组及处理组各 3 株,洗净根后用吸水纸吸干,称取 0.2 g 左右鲜根样品测定根系活力。重复 3 次。配制下述各试剂。

(1)0.4%TTC 溶液:称取 0.4 g TTC,加少许 95%乙醇使其溶解,蒸馏水定容至 100 mL。配好的溶液应避光保存,若变红,则不能使用,需重新配制。

(2)0.1 mol/L 磷酸缓冲液(pH 7.0):贮备液 A,0.2 mol/L NaH$_2$PO$_4$ 溶液(NaH$_2$PO$_4$·H$_2$O 27.8 g 配制成 1 000 mL),贮备液 B,0.2 mol/LNa$_2$HPO$_4$ 溶液(Na$_2$HPO$_4$·12H$_2$O 71.7 g 配制成 1 000 mL);然后取贮备液 A 39.0 mL 和贮备液 B 61.0 mL,混合后再稀释至 200 mL。

(3)1 mol/L H$_2$SO$_4$ 溶液:用移液管量取比重为 1.84 的浓 H$_2$SO$_4$(98%)5.4 mL,稀释至 100 mL。

(4)成品试剂:甲醇、保险粉(连二亚硫酸钠)。

TTC 测定具体步骤如下:

(1)显色:将根样品放入 15 mL 离心管中,依次加入 0.4%TTC 溶液和 0.1 mol/L 磷酸缓冲液各 5 mL,充分混合,使根全部没入反应液中,置于 37℃恒温培养箱内黑暗条件反应 2 h,使根显色(红色)。

(2)提取:保温显色时间到后,立即加入 2 mL 1 mol/L H$_2$SO$_4$终止反应,取出根样品,用吸水纸将根表面吸干。

(3)将已显色的根样品放入新的 15 mL 离心管,向离心管中加入 10 mL 甲醇,使根全部没入甲醇中,然后放入 30~40℃恒温培养箱内至根完全变为白色为止(4~6 h)。

(4)比色:使用岛津 uv-2550 分光光度计在 485 nm 波长下测定吸光值,甲醇为空白对照。

(5)标准曲线绘制:0.4%TTC 溶液 0.2 mL,加入 9.8 mL 甲醇和少量保险粉,充分摇动至溶液颜色不再加深,所生成的红色 TTF 溶液作为已知母液,取 7 只 15 mL 离心管,按表 25-1 所给数据配制系列浓度溶液,485 nm 波长下分光光度计比色,以甲醇作空白对照,记录 OD 值。以 OD 值为横坐标,TTF 浓度为纵坐标,绘制标准曲线。

表 25-1　标准曲线相关数据

	$TTF/(\mu g/mL)$						
	0	20	40	80	120	160	200
母液/mL	0	0.25	0.50	1.00	1.50	2.00	2.50
甲醇/mL	10	9.75	9.50	9.00	8.50	8.00	7.50

(6)计算公式:

$$ACT = Cm/(W \times t)[\mu gTTF/(g \times h)]$$

式中:C 为根据标曲得到的 $TTF(\mu g/mL)$;

　　W 为根重(g);

　　t 为显色时间(h);

　　m 为提取液稀释倍数。

六、实验结果分析

所有试验需进行 3 个生物学重复,并利用 SPSS 进行各个指标数据的统计学处理与分析。

七、作业及思考题

1.请选一种园艺作物设计不同品种耐涝性比较试验。

2.分析田间鉴定法与实验室鉴定法针对相同材料分析得到耐涝性结果差异的原因。

(编者:胡仲远、张明方)

实验 26　园艺植物品种抗盐性比较试验

一、实验目的

了解园艺植物抗盐性的种子萌发法、室内盆栽法和田间直接鉴定技术及其各项指标测定方法,熟悉园艺植物抗盐性鉴定的实验原理,掌握一种抗盐性鉴定技术与方法。

二、实验原理

自然界中造成盐胁迫的盐分主要是 $NaCl$、Na_2CO_3、Na_2SO_4 以及 $NaHCO_3$ 等,通常情况下这些盐同时存在。当土壤盐分过多时,不仅破坏土壤结构,且导致园艺植物生长缓慢,叶片变黄、死亡、脱落,严重影响光合作用,有时甚至整株萎蔫死亡,导致减产。据统计,全世界有 1/3 的灌溉用地受盐害的影响,我国沿海和内陆一些干旱、半干旱地区生长的园艺植物,常遭受盐胁迫。目前一些利用地下水灌溉的干旱地区土壤盐渍化正在加重,而保护地盐渍化问题也备受关注。因此,研究园艺植物抗盐性,进行其抗盐品种的选育有着重大的理论和实践意义。

目前,植物抗盐性的鉴定方法不一,归纳起来可分为直接鉴定法和间接鉴定法。直接鉴定是对植物在盐逆境条件下所受的直接伤害程度进行抗盐性评价,主要有发芽率、死亡率、田间存活指数、产量以及盐害指标等。间接鉴定是对作物品种生理生化指标的测定和评价,主要的生理生化指标有脯氨酸、细胞质膜透性、脱落酸、渗透调节物质及叶绿素等。从研究现状来看,目前还没有一种能够准确、迅速地测定植物抗盐性的生理生化指标,只有采用多指标的综合评价,才能准确地反映出园艺植物不同品种的抗盐能力。

三、材料及用具

(一)试材

试材为黄瓜、番茄、白菜、沙葱中任意一种园艺植物的不同品种。

种子萌发鉴定法:试材为不同品种的种子。

室内盆栽鉴定法:试材为不同品种的幼苗。

大田直接鉴定法:试材为不同品种全生育期的植株。

(二)用具

1.种子萌发及形态指标的观测

培养皿、滤纸、恒温培养箱、量筒、天平、镊子、直尺、烘箱。

2.可溶性糖、游离脯氨酸及叶绿素含量的测定

分光光度计、分析天平、容量瓶、三角瓶、水浴锅、振荡混合器、研钵、试管、漏斗、剪刀、移液管或是移液枪(2 mL、5 mL)、玻璃球、注射器、滤纸、胶头滴管。

3.质膜透性的鉴定

碎玻片、振荡器、电导率仪、剪刀、量筒、烧杯。

(三)药品

NaCl、次氯酸钠、蔗糖、乙醇、沸石、活性炭、冰醋酸、磷酸、甲苯、脯氨酸、蒽酮、乙酸乙酯、浓硫酸、石英砂、酸性茚三酮试剂、磺基水杨酸。

四、实验内容

1.种子萌发鉴定法

通过种子萌发实验,测定不同品种种子的相对发芽率、相对发芽势及相对发芽指数,并计算其相对盐害率,来确定不同品种的抗盐性强弱。

2.室内盆栽鉴定法

通过室内盆栽实验,观测不同品种幼苗的形态指标,确定其盐害分级情况,计算其盐害指数;测定不同品种幼苗叶片的渗透调节物质、质膜透性和叶绿素含量。并对其测定结果进行数据分析,从而确定不同品种的抗盐性强弱。

3.大田直接鉴定法

通过大田实验,调查不同品种植株成活率,测定其生长势和产量,并计算抗盐系数,确定不同品种的抗盐性强弱。

五、方法与步骤

(一)种子萌发实验法

1.实验方法及设计

(1)分别配制 NaCl 溶液 50 mmol/L、100 mmol/L、150 mmol/L、200 mmol/L、250 mmol/L、300 mmol/L 共 6 个处理,每处理 4 次重复,以蒸馏水为对照。

(2)选取颗粒大小一致、整齐饱满、无病虫害的不同品种的种子,将供试种子用 10% 次氯酸钠溶液消毒 10～20 min 后用清水洗净。

(3)将洗净的种子置于垫有双层滤纸的玻璃培养皿(9 cm)中,每皿中分别加入 5 mL 不同浓度的 NaCl 溶液,每培养皿 50 粒种子,每处理 4 次重复,将培养皿放到恒温培养箱中,在适宜的温度下进行发芽,实验过程中每天定时补水,保持滤纸湿润。

(4)每天观察记录发芽情况(当种子胚根突破种皮,长度达种子长度一半时视为发芽种子),第 t 天(在规定的日期或条件内)统计不同品种的种子的发芽势,在规定的种子萌发天数内统计供试品种种子的发芽率、发芽指数。

2.抗盐性相关指标的计算

$$相对发芽势 = \frac{盐处理初期的发芽种子数}{对照初期发芽种子数} \times 100\%$$

$$相对发芽率 = \frac{盐处理发芽种子数}{对照发芽种子数} \times 100\%$$

$$相对盐害率 = \frac{对照发芽率 - 盐处理发芽率}{对照发芽率} \times 100\%$$

(二)室内盆栽鉴定法

1.实验方法及设计

(1)采用 5 个盐浓度的溶液分别为 50 mmol/L、100 mmol/L、150 mmol/L、

200 mmol/L 和 250 mmol/L NaCl,每个处理 4 次重复,以蒸馏水为对照。

(2)选取大小一致、整齐饱满、无病虫害的不同品种的种子,用 10%次氯酸钠消毒 10～20 min,用清水冲洗后于恒温培养箱在适宜的温度下催芽。

(3)将催芽后的种子播种在营养钵(8 cm×8 cm)内,每钵 1～2 株。用相应浓度的 NaCl 溶液以浇灌法进行处理,每株浇液 50 mL,每隔 2 d 处理一次,当幼苗长至一定大小取样进行相关指标的测定。

2.抗盐性相关指标的观测

(1)形态指标:形态指标主要包括叶片长、叶片宽、株高、株展、幼苗的干重和鲜重等。以直尺测量植株叶片长、叶片宽、株高、株展,并取植株鲜样称重,记录各处理鲜重,然后将鲜样置于烘箱中,105℃下烘干 2 h,80℃下再烘至恒重,称量并记录干重。

观察幼苗生长状况,确定盐害分级标准,一般情况下,不同植物的分级标准不同,分级标准可依据植物的受害情况来确定。

如黄瓜盐害分级标准:

0 级:未受害;

1 级:1/3 叶缘、叶尖受害;

2 级:2/3 叶缘、叶尖受害;

3 级:全部叶缘、叶尖受害或 1/3 叶片枯落;

4 级:2/3 叶片枯落;

5 级:叶片全部脱落。

$$盐害指数 = \frac{\sum(盐害级值 \times 相应盐害级植株数)}{最高级 \times 总株数} \times 100\%$$

$$盐害率 = \frac{出现盐害症状株数}{处理总株数} \times 100\%$$

采用分级标准评定不同品种抗盐性,级数越高其抗盐性越弱,反之则越强;盐害指数越大,其抗盐性越弱,反之则越强。

(2)渗透调节物质:渗透调节物质主要有脯氨酸、可溶性糖(测定方法见实验 24)。

通常情况下,抗盐的盐生植物其脯氨酸的含量都较非盐生的植物高,植物组织脯氨酸含量,可以作为一部分植物的抗盐指标,脯氨酸含量高,则抗盐性强,反之则弱。

（3）质膜透性：质膜透性测定方法见实验24。

盐逆境中，植物细胞的质膜透性增加，抗盐性较强的植物细胞膜稳定性较强，质膜透性增加较少伤害率低，而抗盐性弱的植物则相反。

（4）叶绿素含量的测定：称取剪碎混匀的新鲜材料0.2 g，加少量石英砂和碳酸钙粉及2～3 mL 95%乙醇研成匀浆，再加入乙醇10 mL，继续研磨至组织变白。静置3～5 min，把提取液倒入漏斗中，过滤到25 mL棕色容量瓶中，并用乙醇将滤纸上的叶绿体色素全部洗入容量瓶中，直至滤纸和残渣中无绿色为止。最后定容至25 mL摇匀。每个处理重复4次，按下列公式计算各色素浓度：

$$C_a = 13.95A_{665} - 6.88A_{649}$$

$$C_b = 24.96A_{649} - 7.32A_{665}$$

$$C_{x.c} = (1\ 000\ A_{470} - 2.05\ C_a - 114.8C_b)/245$$

$$叶绿素总浓度 = C_a + C_b$$

式中：A_{665}为提取液在波长665 nm下的吸光度；

　　　A_{649}为提取液在波长649 nm下的吸光度；

　　　A_{470}为提取液在波长470 nm下的吸光度；

　　　C_a为叶绿素a的浓度；

　　　C_b为叶绿素b的浓度；

　　　$C_{x.c}$为类胡萝卜素的浓度。

求得色素的浓度后，再按下式计算组织中单位鲜重的各色素的含量：

$$叶绿体色素的含量 = \frac{p \cdot V \cdot n}{W}$$

式中：p为色素浓度（mg/L）；

　　　V为提取液体积（L）；

　　　n为稀释倍数；

　　　W为样品鲜重（g）。

根据受盐害和未受盐害园艺植物叶片叶绿素的比率来判断其抗盐能力的大小，比率越大，植物抗盐能力越弱，反之抗盐能力就越强。

（三）田间直接鉴定法

1.实验方法及设计

（1）按土壤含盐量高低划分成3个区：高盐区，含盐量大于0.5%小于1.0%；

盐区,含盐量小于0.5％大于0.2％;无盐或轻盐区,含盐量小于0.2％。

（2）将试验材料用营养土（土壤盐量＜0.2％）育苗,然后将幼苗栽培在各处理小区。浇水用自来水,栽培时间和方法同一般春季露地栽培。每小区面积为9 m²,4次重复。调查植株在不同盐区里的成活率、生长状况及经济产量。

2．抗盐性相关指标的计算

分别记录不同品种在不同土壤盐度条件下最后一次收获时成活的株数、成活植株平均株高、成活植株的生长势、成活植株的经济产量。

$$平均成活率 = \frac{成活株数}{总株数} \times 100\%$$

$$抗盐系数 = \frac{盐渍土壤上的经济产量}{正常土壤上的经济产量} \times 100\%$$

$$抗盐力 = \frac{鉴定品种的抗盐系数}{对照品种的抗盐系数}$$

六、实验结果分析

1．分级标准法

根据不同品种在种子萌发期的相对盐害率、苗期的盐害指数、全生育期的抗盐系数以及抗盐力来确定其抗盐性级别,从而来确定其抗盐性。

表 26-1　作物不同时期抗盐性鉴定分级标准

级别	抗盐性	芽期 （相对盐害率）	苗期 （盐害指数）	全生育期 （抗盐系数）	全生育期 抗盐力
1级	高耐（HT）	0～20.0％	0～20.0％	0.8～1.0	＞1.0
2级	抗盐（T）	20.1％～40.0％	20.1％～40.0％	0.6～0.8	0.8～1.0
3级	中度抗盐（MT）	40.1％～60.0％	40.1％～60.0％	0.4～0.6	0.5～0.8
4级	敏感（S）	60.1％～80.0％	60.1％～80.0％	0.2～0.4	0.3～0.5
5级	高度敏感（HS）	80.1％～100％	80.1％～100％	0～0.2	0～0.3

2．隶属函数法

采用模糊数学隶属函数的方法,对品种各个抗盐指标的隶属值进行累加,求取平均数,并进行品种间比较,以评定抗盐性,计算方法如下。

1）分别对所测的抗盐指标用下式求每个品种各指标的具体隶属值：

$$X(u) = \frac{X - X_{min}}{X_{max} - X_{min}}$$

式中：X 为各品种的某一指标测定值；

　　X_{max} 为所用品种某一指标测定值内的最大值；

　　X_{min} 为该指标中最小值。

2）如某一指标与抗盐性为负相关，可用反隶属函数计算其抗盐隶属函数值：

$$X(u)_{反} = 1 - \frac{X - X_{min}}{X_{max} - X_{min}}$$

3）把每一品种各指标的抗盐隶属值进行累加，并求其平均数，平均数越大，抗盐性就越强。

3.灰色关联度分析法

灰色关联度分析法也是综合评价各个园艺植物不同品种类型间的实际抗盐能力的方法，为了消除品种间基础性状的差异，对参与分析的指标作了处理，采用各个指标的胁迫指数进行灰色关联度分析。

$$抗盐指数 = \frac{盐胁迫下的指标值}{正常条件下的指标值} \times 100\%$$

$$灰色关联度：r_i = \frac{1}{n} \sum_{k=1}^{n} \zeta_i(k)$$

式中：r_i 为灰色关联度，i 品种、性状或指标个数，即 $1,2,\cdots,n$；

　　k 为方案个数；

　　$\zeta_i(k)$ 为第 k 点关联系数。

七、作业及思考题

1.根据种子萌发鉴定法鉴定的实验结果，撰写一份关于一种园艺植物不同品种抗盐性报告（字数在 1 000 字左右）。

2.研究园艺植物抗盐性有哪几种常用的方法？

3.请选一种园艺植物设计不同品种抗盐性比较试验。

（编者：郝丽珍）

实验 27 园艺植物的引种计划制订

一、实验目的

通过制订园艺植物引种计划,加深对理论知识的理解,熟悉引种工作的各项环节,达到能独立设计园艺植物的引种方案的目的。

二、实验原理

不同园艺植物种类或品种,对自然条件都有一定的要求,如果得不到满足,生长发育将会受到影响。引种时,要考虑生长地的气候条件,尽可能地从纬度、海拔高度、土质条件相似的地区引种。同时还要考虑到植物种类的适应性、引入地的栽培管理条件和人的主观能动性等因素。植物适应性不仅与目前分布区的生态条件有关,而且与系统发育历史中的生态条件有关。

三、实验内容

根据本地需求,初步确定拟引种的园艺作物及目标要求。收集、分析引种材料原产地及引入地的具体资料,进一步审定选题的正确性与引种的可行性。最后根据查阅的相关资料,制订出引种计划。

四、方法与步骤

(一)收集(或调查)并整理以下方面的资料

(1)收集有关拟引种作物的分布、经济栽培意义、生物学特性及系统发育历史等方面的相关资料。

(2)收集有关拟引种作物原产地的地理、气候、土壤、植被组成等资料。

(3)收集引入地的地理、气候、土壤、植被组成等资料。

(4)收集有关拟引种作物引种成功的经验、总结报告。

(二)分析影响引种的限制因子

根据以上掌握的资料,分析对比原产地和引入地各种因素的相似程度,找出影响引种的限制因子,如纬度、海拔、气候(光照、温度、雨量和湿度)、土壤、植被组成、栽培历史、栽培管理及经济发展水平等。

五、引种计划制订的要求和基本内容

(一)要求

(1)本实验为模拟练习,可到图书馆、资料室和网络数据库查阅有关资料,有条件时可结合资源调查进行实地调查并收集第一手资料。选择成功的引种案例作为模仿素材,按照课堂讲授的引种理论及模式,收集资料,分类整理,阐述引入拟引种作物的必要性。

(2)针对拟引种作物的生物学特性、原产地(自然分布区)与引进地地理、生态因子的对比分析,提出拟引种作物引种的论点,论证引种的可行性。

(3)根据引入地的经济发展及栽培管理水平,拟定出相应的引种(驯化)栽培技术或使可能性成为现实的关键措施。

(二)引种计划的内容

1.引种的必要性

阐述引种植物自身的食用价值,或观赏价值、生态作用等,预测未来社会发展需要的迫切程度和经济、社会、环境效益。

2.引种的可能性

(1)阐述引种植物的生物学特性、系统发育历史和本身可能潜在的适应性。

(2)阐述引进地与引种植物自然分布区、栽培区、引种成功地区的地理、气候、土壤条件及植被组成等。还应该注意到引进地历史性的灾害性天气。

(3)在对比分析的基础上,找出引种的限制因子,论证引种成功的可能性。

3.具体实施方案

(1)确定适宜的采引地、引种方式、引种材料、引种数量、引种时间。

(2)制定出相应的引种栽培措施。

(3)对引种计划中暂时还没有收集到的资料加以说明,并对引种以后可能出现的问题加以讨论。

六、作业及思考题

(1)制订引种计划的意义何在?

(2)根据当地生产需要或育种需要,选择一种园艺植物,制订一份引种计划。

(编者:谭彬)

实验 28 无性繁殖园艺植物的选择育种计划制订

一、实验目的

了解无性繁殖园艺植物遗传变异的特点及其变异表现,加深对所学知识的理解和应用。了解无性繁殖园艺植物选择育种的特点,掌握选择育种的程序和方法。学会无性繁殖园艺植物选择育种计划的制订方法,提高解决实际问题的能力。

二、实验原理

选择育种是利用现有种类、品种的自然变异群体,通过选择的手段而育成新品种的途径。选择的本质就是差别繁殖。无性繁殖园艺植物的实生后代,由于其亲本在遗传上杂结合程度较高,且多属于异花授粉植物,因此,个体间常表现出复杂多样的变异。另外,由于植物体细胞发生突变,也会造成品种内株、系间在一系列性状上发生显著变异,这些都为选择育种提供了丰富的变异资源。因此,可通过单株选择选出优良单株或枝条,再通过嫁接繁殖,建立无性系品种,或者通过混合选择,改进群体品种的种性水平。

三、材料

实生繁殖园或集中栽培的成年果园的苹果、梨、葡萄、柑橘、桃、核桃、板栗、榛子等果树,以及月季、黄杨等观赏植物。

四、实验内容

选用一种无性繁殖的园艺植物,针对其存在的缺点或生产和科研上的具体要求,依据每种选择育种方法的特点,选取其中一种技术,制订出相应的选种计划,以选出符合要求的新品种或新品系,或为育种提供新的种质资源。

五、方法与步骤

（一）明确选种对象和目标

选择育种是园艺植物育种的重要途径。选种对象的选择首先应考虑对象的起源及市场对新品种的需求状况,掌握国内外有关园艺植物的市场信息及育种动向,充分发挥资源、地域、人才、设施、经费等方面的优势,以便在市场竞争中处于优势地位。有多种园艺植物，如苹果、梨、柑橘、桃、核桃、板栗、月季、黄杨、柳、槐等，是采用选择育种途径选育出了许多优良品种或品系。

无性繁殖园艺植物的选种目标，与选种对象和选种方法有关。采用实生繁殖的果树作为选种对象时，选种目标一般比较简单粗放，常针对一些主要的经济性状作为选种目标。如在树体的生长势和抗性方面，要求植株生长健壮，具有对当地不良条件的抵抗性；在产量方面要求具有丰产性和稳产性，此外，要兼顾外观和食用品质，以及早果性、成熟期等特性。

但是，对于拟在原有优良品种中进一步选择更优良的变异，或针对其在生产中存在的主要问题，通过芽变选种等方法而得到改良的，则选种目标必须明确，针对性强。如对果实的大小、形状、颜色、成熟期、核的有无等，观赏植物花的形状、颜色、花期等性状中的某一个性状提出明确的选种目标。

（二）制定选种标准

选种目标确定后，要根据目标性状的主次制定相应的选择标准。选择标准应尽可能明确具体，定得适当。例如，20 世纪 70 年代，浙江省台州地区在开展本地少核早柑橘的芽变选种中，以果实种子 4 粒以下作为初选标准；我国罐藏桃选育的主要经济指标为果实圆形，横径在 5.5 cm 以上，加工合格率在 70％以上；以观叶为主的君子兰，则要选育叶长在 30 cm 以下、叶宽 10 cm 以上、叶厚 0.2 cm 以上的品种或品系。

在进行混合选种时主要根据产量来衡量入选树是否符合要求，可根据标准树的平均产量和标准差，用计划入选率进行衡量，确定出适宜的选种标准。在树体方面要求植株生长健壮，具有对不良条件的抵抗能力；对具有特殊性状的单株，如成熟期特早、树冠矮化紧凑、对某种病虫害抗性特强等，也可作为选种材料。

（三）选择选种方法

无性繁殖园艺植物的选择育种，包括实生选种、芽变选种和营养系微突变选种。每种方法，都有其各自的特点，在选种时要根据每种选种方法的特点，结合选种目标及当地的实际情况，选取适宜的选种方法。

芽变选种是对自然发生的芽变（体细胞突变）进行选择。其最大特点是利用现存变异，在保持原品种综合优良性状的基础上，改进其个别性状，起到"品种修缮"的作用。芽变选种方法简便、见效快、易为广大群众掌握，是改良现有品种的重要捷径。

实生选种是对实生繁殖群体进行选择。实生群体具有变异普遍，变异性状多且变异幅度大的特点，因此，在选育新品种方面具有很大潜力；还由于其变异类型是在当地条件下形成，一般来说它们对当地环境具有较好的适应能力，选出的新类型易于在当地推广、投资少而收效快。

营养系微突变与芽变一样，变异来源于自然发生的体细胞突变，主要不同点是突变发生于控制数量性状的基因，表型效应较小，不易与环境效应鉴别，但可以遗传。另外，营养系微突变的频率较高，并且一般有害的遗传效应较小。利用营养系微突变选种，不仅能提高原品种的产量和品质，而且还能有效地控制病毒的蔓延。

（四）选种时期的确定

原则上应在整个生长发育的各个时期经常进行细致的观察和选择。但为提高选择效率，可根据选种目标，抓住最有利的时机进行选择。一般在产品器官采收期前后，此时最易发现产品经济性状的变异，如产品成熟期、着色期、大小、形状、颜色、品质、结果习性和丰产性等；其次可在自然灾害如霜冻、严寒、旱、涝、病虫害等发生之后，选择抗自然灾害能力强的变异类型。

（五）选择方法与选种程序的应用

无性繁殖园艺植物常用的选择方法包括混合选择法、单株选择法、有性后代单株选择法。混合选择法的选择率较高，常达百分之几到百分之十几，一般结合生产和繁殖过程进行，用于保持品种纯度和提高种性，实质上是一种良种繁育措施；单株选择法的选择率较低，往往只有千分之几到万分之几，常用于选育新的优良品种（系）。

1. 混合选择法

在原始群体中，一般经过连续3年以上的比较鉴定，选出产量、品质、抗性等方面均符合选种目标要求的优良单株后，混合采取营养繁殖体进行繁殖。此法的优点是简单易行，省时省力，便于普遍采用。对目前混杂严重的农家品种，采用混合选择法可以在进行正常生产的同时逐步使品种得到改进。此法的缺点是只能根据表现型来鉴别株间的优劣差异，不能依据后代的表现，对每个亲本单株进行遗传性优劣的鉴定，这就使得由于环境条件优越而性状表现突出的单株也可被选留，但其基因型并非优良，从而降低了选择效果。此法主要适用于营养系微突变选种及实生混合选种。其选种程序如下。

（1）初选：首先在产品成熟采收前，开展群众性估产报种；然后专业选种小组到现场进行调查观察，逐株进行编号登记；最后在产品采收时由选种小组到现场核实，剔除不符合选种要求的单株，并对有希望的单株进行测产，对树势、抗逆性、产品品质以及其他情况进行记载和鉴定，确定入选的初选单株。

（2）复选：主要是对初选单株的产量和品质等主要经济性状进行连续2～3年的观察，根据单株年平均产量和大小年变化的幅度，按入选率要求选出单株。

（3）决选：对选出单株的产品样品进行比较，剔除产品不符合要求的单株，混合采取产量高、产品性状好的单株繁殖材料,建立选种母本园。

2. 单株选择法

从原始群体中选出若干优良的单株分别编号,分别采集营养繁殖体,分区或分行繁殖成若干家系,再根据各家系的表现,将优良家系繁育成新的品种类型。此法的优点是可以通过对所选单株后代进行遗传性优劣测定,消除环境饰变引起的株选误差,从而能正确地选择出具有优良性状的单株,提高选择效果;此法的缺点是选种过程复杂,需要的时间长。此法主要适用于芽变选种和实生选种。其选种程序如下。

(1)初选:主要任务是从大量的无性繁殖群体中选出有希望的变异单株或枝条。其方法为:首先,选种组要广泛发动群众,讨论并明确选种的意义、具体方法、目标和要求,组织群众报选变异。然后,根据报种情况,由选种人员到现场调查核实,剔除显著不符合选种要求的单株,对有希望的变异植株或枝条进行标记和编号,作为预选树。并对变异植株或枝条的产量、生长势、抗逆性、产品品质以及其他情况进行连续 2~3 年的记载和鉴定,根据选种标准,将其中表现优异而稳定的入选为初选优株。对初选优株,可进行多点生产试验,以消除环境误差。

(2)复选:主要任务是把初选材料集中在相对相似的条件下进行科学的分析鉴定,从中选出符合选种目标要求的新品系。复选工作主要是在鉴定圃和选种圃中进行,即对初选优株高接或移栽鉴定其变异的稳定性、变异的性质和程度,以及经济价值等。在进行高接鉴定时,要用原品种做对照。经鉴定的有希望优株,要嫁接繁殖建立选种圃,以便进行系统观察和全面鉴定。选种圃里的嫁接树结果后,经连续 3 年的比较、鉴定,参考原母本树、高接鉴定树、多点生产树的表现,经群众和专业人员的鉴评,复选出优异单系,提交上级部门参加决选。

(3)决选:主要任务是对复选优系进行最后的评定,以选出最优异的新品系。具体方法是:先由选种单位根据复选结果提出决选申请,并向鉴评委员会提供完整的记录资料,以及有关的鉴定和评价。然后由主管部门组织有关人员进行决选评审。经过专业组织的评审,确属优良品系并有发展前途的,可由选种单位予以命名,作为新品种予以推荐公布后,即可繁殖推广。

3. 有性后代单株选择法

对既可无性繁殖又可有性繁殖的园艺植物,大多数具有遗传基础杂合、后代性状分离大的特点。利用这一遗传特点,可对其有性后代采取单株选择法获得优株,再采用无性繁殖获得营养系品种。选种程序为:首先将自交或杂交获得的种子,播种于选种圃,经单株鉴定,选择其中若干优良单株分别编号;然后采用无性繁殖法将每一单株繁殖成一个营养系小区进行比较鉴定,表现优异者入选为营养品种。

此法的特点是充分利用了有性繁殖性状分离大、选择范围广的优点,选择后采用无性繁殖时无须隔离,也不存在生活力快速衰退的问题。一般通过一次有性繁殖后即可产生大量变异,若性状表现突出就可通过无性繁殖固定下来,无须自交纯化。

（六）组织实施选种

在选种目标、时期、方法等确定之后,即可按要求组织实施。在实施过程中,要根据不同阶段的任务,有条不紊地进行。为此,应周密地做好实施计划,包括实施人员、时间、地点、经费,以及记载和鉴定时的各种准备工作等。

六、实验结果分析

选种计划制订后,要仔细分析选种目标是否明确、标准是否适当、时期是否合理;还要分析采用的选种技术是否正确,选种方法和程序是否有利于选种过程的正常进行;最后,还要实事求是地对实施计划进行评定,以保证选种的顺利实施。

七、思考题

1.结合当地的实际情况,任选一种无性繁殖的园艺植物,试制订一份选择育种计划。

2.实生选种、芽变选种、营养系微突变选种各有何特点？它们在园艺植物育种中有何实际应用？

3.查阅相关资料,试举几个采用选择育种方法选育出的园艺植物新品种,并简要说明选育过程。

（编者：刘群龙）

实验29 无性繁殖园艺植物的有性杂交育种计划制订

一、实验目的

学习无性繁殖园艺植物的有性杂交育种计划的制订方法,初步掌握无性繁殖材料新品种的选育技术。

二、实验原理

在园艺植物中有许多种类都是高度杂合的,通常采用无性繁殖方式繁育后代,以保持其优良品质。但是品种的优良特性具有历史性、阶段性,不会有任何品种或品系一直维持高的市场占有率。而且作为一个遗传组成高度杂合的群体,随着时间的推移加之环境条件的影响,某些原有的性状可能不再适应本地的生态条件,或其部分商品性状不能满足市场的要求,在这种情况下,就需要进行遗传改良。有性杂交育种是丰富基因型,获得大量新种质,进而选育出新品种、新类型的有效途径。

杂交育种前,首先要明确所要改进的商品性状,确定育种目标。然后寻找可用的杂交亲本,并对杂交亲本主要性状进行考证,了解性状优缺点,确定杂交组合。

杂交亲本的选择是杂交育种能否成功的关键。亲本的选配原则如下。

(1)所选杂交亲本应具有满足育种目标要求的某些优良性状,且双亲的优缺点要能互相弥补。

(2)两个亲本的来源最好是地理位置相隔较远、生态类型不同,这样的组合可以丰富杂种的遗传背景,增强杂种优势,获得分离较大的或者超越双亲的遗传类型。

(3)在筛选亲本时还要考虑双亲遗传力的强弱。尽量选择野生、较老的品种、当地品种、成年品种、自根品种,其遗传传递力相对较高。尤其母本的选择要选用优良性状较多的品种。

(4)选择结实性强的种类作母本,父本的花粉要多,以便获得较多的杂交种子。

此外,还要对杂交亲本的开花习性、授粉受精以及结实情况详细了解。否则,可能导致杂交的失败,如花期不遇、花粉不亲和等。某些园艺植物本身授粉受精率极低或结实率极低,都会严重影响杂交育种进程。在杂交前要正确判断。

虽然绝大多数无性繁殖的园艺植物自花结实率较低,但并非自花不实,所以杂交去雄以及种间隔离工作仍要仔细认真,防治非目的杂交。

三、实验内容

可以从当地广泛栽培的无性繁殖园艺植物中选择几种作为本实验设计的试材,要求所选试材具有典型性、可行性以及有应用价值。

(1)确定育种目标:育种目标的制定必须从生产或实际出发,有针对性,重点突出。通常每次只制定一个重点目标,如抗旱性或花色等。

(2)查阅资料,筛选杂交亲本:尽可能多了解双亲性状的优缺点,并预测亲本杂交性状的遗传动态,确定杂交用亲本和选配的杂交组合。

（3）确定杂交组合的杂交花朵数：杂交花朵数由授粉结实率、杂交果实的坐果率、杂交果实内种子数、杂交种子的发芽率、希望获得的杂交苗数等指标确定。

（4）制订育种圃地的栽植计划。

（5）制定杂交技术的操作规程：包括母株的选择、杂交花朵的选择等，花粉采集贮藏、母本植株花器官的去雄操作和授粉技术、授粉花器官的隔离技术等。

（6）杂交授粉的操作时间和位置选择。

（7）试材准备、杂交工具以及隔离防护设施。

四、方法与步骤

1.确定育种目标

育种目标的确定必须依据市场的需求，通过多层面调查，分析现有同类品种和要培育的目标品种间的差异性、市场容纳度和发展潜力，做到选育的品种性状有针对性，重点突出。还要分析育种目标性状的遗传方式，判断其遗传方式是由单基因控制的质量性状，还是由微效多基因控制的数量性状。

2.熟悉选配的杂交亲本

对可选的亲本材料主要性状通过文献分析，了解前人育种实践中获得的主要遗传信息，尤其是与育种性状相关及连锁的遗传信息，以便在亲本选配组合及后代选择中进行参考。并对选用的亲本的主要性状进行观察记录，尤其是其开花结实习性的观察。将结果记录表 29-1。

表 29-1　无性繁殖材料的有性杂交用亲本主要性状记录表

品种	花期	授粉习性	生长势	抗病性	品质	产量	花色

注：观察的性状指标要根据所选园艺植物确定，尤其是确定的育种目标，如花卉杂交育种中，花色、花期、花径、香味等是观察的主要性状，而产量是次要或被忽略的；但果树杂交育种中，产量则是要观察的主要指标。

3.确定杂交组合

根据亲本选配原则和亲本习性，选定合适的杂交组合。

4.确定杂交方式

选定杂交亲本确定杂交组合后，就要确定杂交方式。通常采用如下方式。

（1）成对杂交：又叫单杂交，以 A×B 表示，即一个父本一个母本为一对杂交。

当双亲性状互补,并可能获得符合育种要求性状时,多采用这种单杂交的方式。

(2)复合杂交:在两个以上亲本间进行杂交,一般先配成单交再根据单交尚未满足的育种目标性状需求,选配另一互补的单交组合或亲本。表示方法:(A×B)×C,(A×B)×(C×D),[(A×B)×C]×D。

(3)回交:即亲本杂交后代 F_1,再与原来亲本之一进行杂交,以(A×B)×B 表示。回交可以使亲本的某种优良性状得以加强。

(4)多父本混合授粉。

5.确定杂交组合数及杂交花朵数

根据育种目标和亲本数量及性状,确定杂交组合数及具体的杂交组合方式。根据授粉结实率、杂交果实的坐果率、杂交果实内种子数、杂交种子的发芽率以及希望获得的杂交苗数等指标确定杂交花朵数。填写表 29-2。

表 29-2　获得杂交种子数和杂交花朵数估算表

组合号	杂交组合	杂交花朵数	杂交结实率	单果种子数	期望获得种子数
1					
2					
3					

6.制定杂交技术的操作规范

杂交技术包括母株的选择、杂交花朵的选择、花粉采集贮藏、母本植株花器官的去雄操作和授粉技术、授粉花器官的隔离技术等。在此规范中,要确定杂交用亲本植株选择的依据,花粉的采集方式、检验、贮藏方式等准备工作。

确定杂交亲本间的隔离方式,如空间隔离、器械隔离、时间隔离。根据杂交亲本花器官状况确定如何去雄及去雄后注意事项等。同时,掌握好去除隔离套袋的时间,安排好杂交后的管理方式。将杂交授粉的数据记录表 29-3 中。

表 29-3　_____有性杂交记录表

杂交组合:♀ × ♂　　　　　　　　　　　　　　　　　　　年　月　日

母本标号	去雄日期	授粉日期	授粉花数	坐果花数	坐果率	败育率	有效种子数

7.杂交种子的处理及培育

对获得的杂交种子,可以进行预先筛选,对胚发育不完全的可以采用组织培养方式进行幼胚拯救;对健康的种子进行合理的处理,如层积、催芽等。确定播种的时期和播种管理计划,保证获得的杂交种子能生长发育成植株。

8.杂交后代的选择

要获得有价值的杂交后代,对杂交后代的选择是关键的育种环节。对无性繁殖园艺作物的杂交后代通常采用一次单株选择法,在其生长发育的过程中分阶段进行筛选,然后对最终选出的优系通过营养系培育进行综合性状的鉴定,最终获得需要的目的品种。

五、作业

1. 制订某个无性繁殖园艺植物的有性杂交计划。
2. 写出在育种实施过程中应注意的问题。

（编者：赵飞）

实验30 有性繁殖园艺作物的常规品种育种计划制订

一、实验目的

了解有性繁殖园艺植物常规杂交育种的杂交方式和杂交技术,掌握其育种的程序和方法;学会有性繁殖园艺植物常规品种育种计划的制订方法,提高解决实际问题的能力。

二、实验原理

有性繁殖园艺植物常规品种育种途径有选种、常规杂交育种、诱变育种等,其中有性杂交育种也称组合育种、重组育种,是根据品种选育目标选配亲本,通过人工杂交的手段,把分散在不同亲本上的优良性状组合到杂种之中,对其后代进行培育选择,比较鉴定,获得遗传性相对稳定、有栽培利用价值的定型新品种。

（一）亲本的选择选配

组合育种的关键在于亲本的选择选配。首先要根据育种的目标要求选择优良亲本材料,然后再依据目标性状的遗传规律及亲本所具有的特征特性,按照亲本性状互补的原则配组杂交。

(二)杂交方式的确定

杂交方式要根据育种目标和亲本的特点来确定,一般有以下几种方式。

1.单交

又叫成对杂交,在杂交育种中应用较多。用甲作母本,乙作父本,则甲×乙为正交;反之则为反交。

2.回交

杂交后代再与亲本之一进行杂交称为回交。多代用于回交的亲本称为轮回亲本。只参加第一次杂交而不参加回交的亲本称为非轮回亲本。

回交对于自花授粉作物效果较好,异花授粉作物由于回交会产生近亲繁殖的拮抗效应而降低结籽率,为此必须增加杂交数量或选用与轮回亲本性状相似的其他品种回交,这种选用性状相似的多个品种作轮回亲本的方法称为改良回交法。

3.多亲杂交

选用两个以上的亲本进行二次以上的杂交称为多亲杂交,又称复合杂交或复交。缺点是规模大、需时长。根据参加杂交的亲本数量有三亲杂交和四亲杂交等,根据亲本参与杂交的次序有添加杂交和合成杂交。

在应用多亲杂交时,合理安排各亲本的组合方式以及在各组杂交中的先后次序是非常重要的。

(三)杂交后代的选择方法

有性繁殖园艺植物如部分花卉和蔬菜的杂种后代,选择方法常采用系谱法、混合法和单子传代法。系谱法是国内外在自花授粉作物和常异花授粉作物杂交育种中常用的方法,但较费工;混合选择法在异花授粉作物中是简便实用而有效的选择方法,但选择进展和纯化速度较慢;单子传代法的选择效率不及系谱法,但比混合选择法高。杂种后代的选择方法除上述3种外,还有多种。

(四)常规杂交程序

整个常规杂交育种与有性繁殖作物的选种程序相似,其进程由下列几个内容不同的实验圃组成。如图30-1。

三、实验材料

花卉中的凤仙花、紫罗兰、金盏菊、香豌豆和蔬菜中的豆类、茄果类等自花授粉植物。

第一步　原始材料和亲本圃　　　选配亲本进行杂交

第二步　杂种圃　　　选择单株或集团

第三步　选择圃　　　选择株系或其混合群体

第四步　品种比较试验圃　　　比较鉴定

第五步　生产试验圃　区域试验圃　　　探索栽培方法，确定推广范围

第六步　品种审定和推广

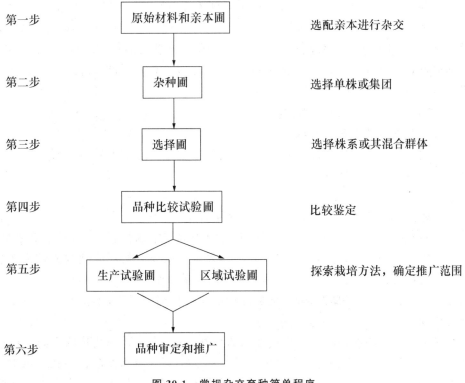

图 30-1　常规杂交育种简单程序

四、实验内容

本实验选择一种有性繁殖的园艺植物，针对其存在的缺点或生产和科研上的具体要求，结合现有种质资源和品种现状，制订一个有性杂交育种计划。

五、方法与步骤

开始育种之前，应该制订一个完整的育种设计方案，这个计划并不是一成不变的，根据不同的园艺作物必要时可稍加调整。下面以蔬菜作物番茄为例介绍有性杂交育种计划设计。

（一）育种目标

主要应根据番茄生产及市场发展情况来分析，如我国"十一五"国家科技支撑计划项目"优质高产番茄育种技术研究及新品种选育"的育种目标为：①选育适合塑料大棚生产专用番茄品种，在低温和高温条件下坐果能力强，早熟性好，前 4 穗

果实产量比国外品种增产 20% 以上,果实硬度和货架期与国外品种相当,抗 3～4 种主要病害。②选育适合南方露地生产的专用番茄品种,抗病毒病、青枯病,耐热性较强,果实硬度与国外品种相当。③选育加工番茄新品种,果实抗裂,耐贮运,果实硬度达到 0.60 kg/cm^2,耐压力达到 7.0 kg/果,可溶性固形物 5.2% 以上,番茄红素 95～100 mg/kg 鲜重。

（二）技术路线和实施方案

1.原始材料的搜集及整理

通过多种途径搜集番茄种质资源,利用仪器测定及感官鉴定,结合统计分析,筛选优质或具特殊性状的原始材料。

2.亲本的选择和选配

正确选择选配杂交亲本是有性杂交育种的首要工作。

亲本选择要根据品种的选育目标,确定对当选亲本的性状要求,要分清主次;对一些重要经济性状,如丰产、优质、熟期等复合性状要分析并明确构成目标性状的单位性状。此外,要掌握育种目标所要求的大量原始材料,了解目标性状的遗传规律,入选的亲本要优良性状多,优良性状的遗传传递力要强,不良性状的遗传传递力要弱。

亲本选配要注意亲本双方优良性状的互补,以及构成同一性状的不同单位性状的互补;以具有较多优良经济性状的亲本为母本,以具有需要改良性状的亲本作父本,会使杂交后代出现综合优良性状的个体往往较多;当目标性状为质量性状时,双亲之一具有即可。此外,要用普通配合力高的亲本配组。普通配合力高,杂交后代出现超亲变异亦多,通过选择有可能成为定型的优良品种。

3.杂交后代的选择

杂交之后进行系谱选择曾经是番茄改良最常用的育种方式。下面介绍以丰产性为首要目标的系谱选育程序。

番茄产量的遗传力不高,在选择过程中应把针对产量的鉴定选择主要放在以株系为单位 F_3 及其后代的世代,而在 F_2 不宜根据单株产量作严格的淘汰选择。由于自 F_2 开始的系内分离随着每代自交而减轻,所以系谱选择时,选择群体的大小每代要减少 50%。随着代数的增加,选择的重点应从早代的单株表现转移到更高世代的系统表现。

（1）杂种第一代（F_1）:可分别按组合播种,两旁播种母本和父本,每一杂交组合的 F_1 种植一个 30～50 株的小区。根据各组合 F_1 产量和其他性状表现,淘汰一些不良组合,通常选留 3～10 个组合的 F_1;在中选的组合内只淘汰假杂种和显著不良株,其余植株按组合采收种子。

（2）杂种第二代（F_2）：F_2的群体应大些，每个组合定植 500～600 株。并适当播种对照品种，在同一圃地同时进行系统间和系统内选择，不同系统内入选株数不等，对 F_2 的选择标准不要过严，以免丢失优良的基因。要多入选一些比较优良的单株，通常优良组合的入选株数为本组合群体总数 5%～10%。原则上，下一代每一株系的株数可少些，而株系数多些。

（3）杂种第三代（F_3）：将每一个 F_2 单株的后代系统定植一小区，每小区几株，每隔 5～10 系统设一对照小区。原则上 F_3 入选的系统可多些，每一系统内入选株数少些（5～10 株），以防优良系统漏选。

（4）杂种第四代（F_4）：在 F_4 代先选择优良系统，再从优良系统中选优单株，F_4 一般入选 20～30 个株系，每小区定植 20～50 株，重复 3 次，选留 4～8 个株系。对一致性已很高的系统，可以采用系内去杂去劣留种，对一致性不够高的系统，可再进行一两代的单株选择。如果在 F_3 或 F_4 中未出现超过对照的株系，或未出现性状达到期望水平的植株，则可用亲本之一回交或与另一品种再杂交。

（5）杂种第五代（F_5）及其以后世代：F_5 代中多数系统已稳定，主要进行系统的比较和选择。F_5 以后，首先选出优良系统群，从优良系统群中选出优系混合留种。

4.品种比较试验和区域性试验

对选出的优良株系或混合群体，进行品比试验和区域性试验，以便确定新品种的推广地区，并做到良种良法相结合。

此外，杂交之后，除了采用系谱法进行选择外，Mark.J.Bassett（1986）认为，早代的系谱选择和接着用单子传代法（SSD）是最节省时间和进展较快的选择方法。通常在早代（F_2 或 F_3）对遗传力高的性状进行系谱选择，接着采用单子传代法在 F_5、F_6 对遗传力低的性状进行选择。这样，F_2～F_3 的系谱选择能减少保持下来的不良系统，而 SSD 则能将广泛的遗传保持到高世代，复杂的性状如产量和品质此时才进行评价。

六、实验结果分析

育种计划制订后，要根据不同的园艺植物仔细分析育种目标是否明确、标准是否适当、技术路线是否合理；另外，还要分析整个实施方案和程序是否有利于育种过程的正常进行；最后，还要实事求是地对实施计划进行评定，以保证育种的顺利实施。

七、作业及思考题

（一）作业

1.结合当地的实际情况，选择一种有性繁殖的园艺植物，试制订一个常规品种育种计划。

2.查阅相关资料,试举几个采用有性杂交育种方法选育出的园艺植物新品种,并简要说明选育过程。

(二)思考题

比较无性繁殖园艺植物的有性杂交育种和有性繁殖园艺植物的有性杂交育种的区别。

(编者:司军)

实验31 有性繁殖园艺植物的杂种优势育种计划制订

一、实验目的

了解杂种优势的概念和应用概况,加深对所学知识的理解和应用;了解有性繁殖园艺植物优势杂交育种的概念及特点,掌握育种的程序和方法;学会有性繁殖园艺植物优势杂交育种计划的制订方法,提高解决实际问题的能力。

二、实验原理

杂种优势育种是利用生物界普遍存在的杂种优势,选育用于生产的杂种一代新品种的过程。在蔬菜作物中,通常先使亲本纯化为自交系,然后选择自交系杂交获得杂种一代用于生产。当然,亲本也可为品种,但自交系间的 F_1 优于品种间杂交。杂种优势强弱主要决定于亲本自交系或品种的配合力。杂种优势育种的主要步骤包括:一是自交系选育,有些作物还包括不育系、保持系、自交不亲和系等的选育;二是配合力测定,主要进行自交系或品种的配合力测定,筛选优良杂交组合。考虑到 F_1 种子生产的难易,在杂种一代选育过程中应加强对与亲本繁殖和配制杂种有关性状的选择。

三、实验材料

甘蓝、白菜、萝卜、花椰菜和芥菜等十字花科蔬菜作物;番茄、茄子和辣椒等茄科蔬菜;黄瓜、西瓜和甜瓜等葫芦科蔬菜以及金鱼草、紫罗兰、四季海棠、矮牵牛和羽衣甘蓝等观赏园艺作物。

四、实验内容

本实验选择一种有性繁殖的园艺植物,针对当前市场需求,结合现有种质资源和品种现状,制订出相应的杂种优势育种计划。

五、方法与步骤

育种工作者在开始工作之前,应该有一个较为完整的育种计划方案,以免事倍功半。育种计划的制订因育种目标、选育方法、环境、人力和物力条件而异,无固定模式可循。

下面以蔬菜作物甘蓝为例,说明甘蓝杂种一代新品种选育计划方案的制订以供参考。

(一)确定育种目标及达到的技术经济指标

主要应根据甘蓝生产及市场发展情况来分析,如我国"十一五"国家科技支撑计划项目"优质多抗专用甘蓝育种技术研究及新品种选育"的育种目标为:①选育适于夏秋季节栽培的甘蓝新品种,具体指标为要求定植到收获有 $60\sim65$ d,叶球紧实(紧实度约 0.6),近圆形,耐裂球(晚收 $5\sim7$ d,裂球率不超过 10%),耐贮运(经远距离长途运输叶球损伤率不超过 20%),抗 2 种(黑腐病、TuMV 或 CMV 或 CaMV 或根肿病)以上病害,产量比对照增产 8%以上。②选育适于规模化生产基地栽培的秋冬甘蓝新品种,具体指标要求为定植到收获有 $85\sim100$ d,叶球紧实,耐热(夏秋或早秋 32℃条件下可正常生长,结球率达 90%以上),耐裂球性好(晚收 $5\sim7$ d,裂球率不超过 10%),耐贮运(经远距离长途运输叶球损伤率不超过 20%),抗 2 种(黑腐病、TuMV 或 CMV 或 CaMV 或根肿病)以上病害,产量比对照增产 8%以上。

(二)技术路线及实施方案

1. 资源的收集

通过多种途径广泛收集甘蓝种质资源,为项目的实施打下基础,对收集到的资源材料进行整理与观察。在当地甘蓝种植季节,在田间设观察圃地进行栽培,按当地的种植习惯,在同样的栽培管理条件下,对其植物学性状和生物学特性作观察鉴定。观察记录项目如下。

(1)植物学性状:株高、开展度、外叶叶形、叶片大小、外叶数、叶色、叶面特征、叶球形状等。

(2)生物学特性:整齐度、抗病性(主要是病毒病、黑腐病等)、产量(包括全株重、叶球重)、净菜率、紧实度、生育期等。

通过观察鉴定从中初步选出基本符合育种目标,并有利用价值的原始材料。进一步自交纯化,选出优良的自交不亲和系。

2.自交不亲和系的选育

甘蓝是典型的异花授粉植物,杂种优势十分明显,加之群体内自交不亲和基因频率较高,通过选择可以得到稳定的自交不亲和系用于配制杂种一代,因此,杂种优势已成为目前甘蓝育种最为主要的育种途径。

甘蓝杂优利用的正常工作程序是先从配合力强的品种中选育经济性状好的自交不亲和系,再用选出的自交不亲和系配成不同的组合,测定其产量及其他经济性状,最后选出最佳组合。但为了缩短育种年限,一般都采取经济性状选择纯化,自交不亲和系选育和配合力测验等工作同时进行的育种程序。在以上程序中,自交不亲和系的选育是甘蓝杂种一代选育的关键。

自交不亲和系的选育以选择具有良好经济性状、符合育种目标的地方品种、常规品种或 F_1 品种作为选育自交不亲和系的亲本材料。在 S_0 代进行单株自交,每品种可入选 20～30 株进行自交不亲和性测定。在严格的隔离条件下,花期自花授粉测定亲和指数(指每朵花平均结籽数),同时在相同植株的不同花枝上进行蕾期自交授粉,以测定蕾期亲和指数并保留种子。对初选出的优良自交不亲和植株,还应连续多代自交纯化,并在花期和蕾期严格测定亲和指数。每代选择自交不亲和性与经济性状综合表现好,抗病性强的植株留种(每系统 10 株左右),直到各目标性状稳定为止。优良的自交不亲和系除要求系统内所有植株花期自交都不亲和外,还要求同一系统内所有植株在正常花期内相互授粉也表现不亲和。一般在 S_3、S_4 代可采用混合花粉授粉法(取四五株花粉混合)或成对法进行花期系内兄妹交测定亲和指数,如测定结果为不亲和,即为自交不亲和系,花期亲和指数以小于0.5 或 1 作为实用标准,蕾期授粉亲和指数一般要求 5 以上。育成 1 个优良的自交不亲和系一般需 4～5 代。

3.抗病鉴定

在自交不亲和系选育和经济性状鉴定的同时,对甘蓝材料抗病性进行鉴定,例如利用危害当地甘蓝的芜菁花叶病毒(TuMV)优势株系和黑腐病的优势菌株,进行苗期室内人工接种鉴定,并与田间自然鉴定相结合,筛选出单抗和复合抗性表现较好的抗性材料。

4.品质鉴定

对品质进行鉴定,利用感官鉴定法进行甘蓝外观、风味和质地的鉴定,利用理化方法分析帮叶比、叶球紧实度、中心柱长,以及纤维素、维生素 C、可溶性固形物的含量等,以筛选出符合要求的优质材料。

5.配合力测定

用筛选出的符合育种目标的自交不亲和系,按照 Griffing(1956)完全双列杂交的第四种方案或格子方法制订杂交计划,进行配合力测定,选择优质、多抗(抗 TuMV 兼抗黑腐病)、丰产的甘蓝杂种一代组合。

6.品种比较试验和区域性试验

将通过上述育种程序和鉴定方法选育出的优良组合,进行品种比较试验和区域性试验,以确定其在生产上的应用价值和品种的区域适应性,这两项工作可同时进行,选育出符合育种目标的甘蓝杂种一代品种。

7.亲本的扩大繁殖及一代杂种生产

从品比试验的后期开始,就要对表现突出组合的亲本适当扩大繁殖。一方面增加亲本种子数量,另一方面扩大 F_1 种子量。在进行生产试验的同时,研究该组合的杂交制种技术,建立杂交种生产基地,以便新品种迅速推广。

六、实验结果分析

育种计划制订后,要根据不同的园艺植物仔细分析育种目标是否明确、标准是否适当、技术路线是否合理;另外,还要分析整个实施方案和程序是否有利于育种过程的正常进行;最后,还要实事求是地对实施计划进行评定,以保证育种计划顺利实施。

七、作业及思考题

(一)作业

1.结合当地的实际情况,选择一种有性繁殖的园艺植物,试制订一个杂种优势育种计划。

2.试述自交不亲和系和雄性不育系的选育过程,并比较它们的特点。

3.查阅相关资料,试举几个采用杂种优势育种方法选育出的园艺植物新品种,试比较选育过程。

(二)思考题

比较常规杂交育种和杂种优势育种的优缺点。

（编者:司军）

实验 32　园艺植物的品种比较试验设计与数据处理

一、实验目的

了解园艺植物品种比较试验的意义,学习品种比较试验的基本方法和设计原理;初步掌握品种比较试验的设计方法和设计要求,学会运用数据统计方法对试验结果进行分析和撰写试验总结报告。

二、实验原理

品种比较试验是新品种选育工作最后的鉴定环节,一般由育种者将选育出的新品种或新品系进行种植,并参照对照品种对其产量、品质、抗病性、抗虫性、抗逆性及其他经济性状进行系统、全面的鉴定,是下一步进行品种区域试验及生产试验的前提。

品种比较试验的田间试验设计,要根据田间试验设计原理即设置重复、随机排列和局部控制,对试验地的选择、小区形状、小区面积、重复次数、对照设置、区组排列及保护行的设置等做出规定。试验设计的原则是保证试验的一致性,尽量减少人为的误差;试验方案力求简捷,但应保证试验具有科学性、可靠性和可重复性。

试验数据处理就是对试验中获得的数据资料按照生物统计学原理进行统计分析,找出其中的规律,得出科学的结论。品种比较试验的数据处理主要是性状差异显著性和稳定性测验及性状相关分析,以判断新品种或新品系的优良程度、重要经济性状之间的相关程度等。

三、材料及用具

(一)材料

1. 实验材料

任选一种园艺植物,列出几个新品种或新品系及一个对照品种;供试验用的试验地若干平方米。

2. 数据处理

收集和利用已有园艺植物品种比较试验的原始数据,或亲自开展的品种比较试验数据,包括对照品种,供统计分析。

(二)用具

计算机或计算器、绘图纸、绘图笔、橡皮、各种尺子等。

四、实验内容和方法与步骤

（一）品种比较试验设计

1.试验地测量与要求

到田间对试验地进行实地观察与测量，记录其形状、长、宽及总面积等。

试验地要有代表性，土壤肥力要求均匀一致，尽量减少试验误差。试验地的耕作方法、施肥水平、播种方式、种植密度及栽培管理技术与实际生产条件接近或相同，而且整个试验地要管理水平一致。

2.试验设计

根据试验地条件，供试新品种或新品系数量等进行具体设计。

（1）田间试验设计

①小区设计：包括小区面积、小区形状、重复次数、对照的设置、保护行的设置、重复区和小区的排列等，并绘出田间定植图。小区面积一般草本植物 20～40 m²，小区形状有长方形和方形两种，重复次数一般 3～5 次。品种比较试验还应设计试验年限（一般 2～3 年）。

②田间试验设计：应采用随机排列试验设计。品种比较试验常用完全随机试验设计或随机区组试验设计。根据试验地情况，选择一种试验设计，并画出田间布置图。

（2）试验调查设计：包括调查项目、调查时期、调查方法。

调查项目应具体明确，如形态性状主要包括株高、株幅、叶面积大小等；主要经济性状包括产量、品质等；抗性表现主要调查抗病性、抗虫性、抗旱性、抗寒性等；生理生化性状主要测定干物质含量、蛋白质含量、可溶性糖含量、有机酸含量、维生素 C 含量、维生素 A 含量及各种矿物质含量等。

调查时期应根据不同植物设计，一般应安排在主要植物学性状、主要经济学性状已充分表现出来，能够展现其抗性的最佳时期。产量测量的最佳时期应在其表现出最佳商品品质的时期采收。

调查方法包括性状调查标准的掌握、取样方法、取样大小、性状测量方法等。

（二）试验数据处理

鉴定一个品种是否优良，这种优劣差异的稳定性如何，将来大面积推广时品种比较试验的鉴定结果能否重演，都需要对试验所获得的大量数据进行分析、整理后得出客观、科学的评估。一般来讲，试验结果和大面积生产实际表现的结果都有或大或小的差异，正确的试验设计和试验方法可以减少试验误差，但不能完全消除试验误差，而数据资料的分析整理能够帮助我们去估计误差的大小，判断品种间差异的真实性和稳定性,预测重演性。

以6个品种(分别为A、B、C、D、E和对照CK)3次重复的随机区组试验产量结果为例进行分析。比较不同品种产量的差异,应进行方差分析。

1. 试验数据整理

应首先将试验数据列成表32-1。

表 32-1 品种比较试验产量(小区)性状数据　　　　　　　　　　　　　　　kg

品种	区 组			处理和	品种小区平均产量
(处理)	Ⅰ	Ⅱ	Ⅲ	(T_i)	($\bar{x}_t$)
A					
B					
C					
D					
E					
CK					
区组和(T_j)				$T=$	

2. 自由度和平方和的分解

(1)自由度的分解

总自由度　$df = nk - 1$

区组自由度　$df = n - 1$

品种自由度　$df = k - 1$

误差自由度　$df = (n-1)(k-1)$

式中:n为区组数;k为品种数(处理数)。

(2)平方和的分解

$$矫正数(C) = \frac{各小区产量总和的平方}{全试验小区数} \Rightarrow \frac{\left(\sum X\right)^2}{nk} = \frac{T^2}{nk}$$

$$总平方和 = 各小区产量平方的总和 - 矫正数 = \sum X^2 - C$$

$$区组间平方和 = \frac{各区组间和的平方的总和}{每一区组内的品种数} - 矫正数$$

$$= \frac{\sum (X_j)^2}{k} - C$$

$$品种间平方和 = \frac{各品种和的平方的总和}{每一品种所占的区组数} - 矫正数$$

$$= \frac{\sum (X_i)^2}{n - C}$$

误差平方和＝总平方和－区组间平方和－品种间平方和

3. F 检验

$$区组间均方 = \frac{区组间平方和}{区组间自由度}$$

$$品种间均方 = \frac{品种间平方和}{品种间自由度}$$

$$误差均方 = \frac{误差平方和}{误差自由度}$$

$$区组间 F 值 = \frac{区组间均方}{误差均方}$$

$$品种间 F 值 = \frac{品种间均方}{误差均方}$$

查表可知 $\alpha = 0.05$ 和 $\alpha = 0.01$ 下 F，将上述计算结果列成方差分析表 32-2。

表 32-2　品种比较试验方差分析

变异来源	自由度(df)	平方和(SS)	均方(MS)	F	$F_{0.05}$	$F_{0.01}$
区组间						
品种间						
误　差						
总　和						

4. 多重比较

如果计算所得品种间的 F 大于 $F_{0.05}$（或 $F_{0.01}$），说明品种间差异显著（或极显著），应进一步进行品种间的多重比较。多重比较的方法有 Fisber 氏保护最小显著差数（$PLSD$）法、邓肯氏新复极差（SSR）法和 Q 值法。现分别以 $PLSD$ 法和 SSE 法为例说明多重比较的方法。

（1）Fisber 氏保护最小显著差数（$PLSD$）法

①列出产量差异分析表：以平均产量从高到低的顺序，将参试品种名称填入表

32-3 中的"品种"栏；表的第（2）列是对应的各品种的平均产量；第（3）列是品种 1 的平均产量与其他 5 个品种平均产量的差；第（4）列是品种 2 的平均产量与其他 4 个品种平均产量的差；以此类推。

②计算各品种平均产量差异显著最低标准：

$$PLSD_{0.05} = t_{0.05} \sqrt{\frac{2MSe}{n}}$$

$$PLSD_{0.01} = t_{0.01} \sqrt{\frac{2MSe}{n}}$$

式中：$PLSD_{0.05}$ 和 $PLSD_{0.01}$ 分别为在 5％和 1％显著标准时的产量差异显著的最低标准；MSe 为误差均方，由表 32-2 中查得；$t_{0.05}$ 和 $t_{0.01}$ 值从 t 值表中查得，其自由度为 $(n-1)(k-1)$。

表 32-3　品种比较试验产量的多重比较分析表

品种	平均产量	品种间均数的差及差异显著性				
(1)	(2)	(3)	(4)	(5)	(6)	(7)
1						
2						
3						
4						
5						
6						

③差异显著性比较：用差异显著最低标准衡量各品种两两之间产量平均数的差异显著性。若两个平均数之间的差异＞$PLSD_{0.05}$，则表示差异显著，差异＞$PLSD_{0.01}$，则表示差异级显著；差异＜$PLSD_{0.05}$，则表示差异不显著。用一个星号"＊"表示差异显著，两个"＊＊"表示差异极显著，并标于每个差值的右上角。若两个均数之差不显著，则不标任何符号。

当所得 $F \geqslant F_{0.05}$ 时为显著，$F \geqslant F_{0.01}$ 时为极显著。

当品种与对照的差异达到或超过 $LSD_{0.05}$ 者为显著，达到或超过 $LSD_{0.01}$ 者为极显著。

（2）邓肯氏（Duncan）新复极差（SSR）法

①列出查了差异分析表（同前）。

②计算各品种平均产量差异显著最低标准。

首先计算出平均数标准误差 $S_{\bar{x}}$：

$$S_{\bar{x}} = \sqrt{\frac{MSe}{n}}$$

根据误差的自由度(dfe)查 SSR 表，得到 $K=2,3\cdots$时的 SSR。这里 K 为平均数的秩次距，即指平均数由大到小排列后，某两平均数间所包含的平均数的个数（含此两个平均数）。再根据以下公式，计算出各个 K 下产量差异显著最低标准的 R_{α}。

$$R_{0.05} = S_{\bar{x}} \times SSR_{0.05}$$

$$R_{0.01} = S_{\bar{x}} \times SSR_{0.01}$$

③差异显著性比较：如果平均数差数≥相应秩次距下的 R_{α}，则达到 α 水平上的显著，若<R_{α}，则为差异不显著。多重比较的结果可用字母标记法表示。字母标记法按如下方法进行：先将全部平均数从大到小顺序排列，在最大的平均数上标上字母 a，并将该平均数依次和其以下各平均数相比，凡差异不显著的都标字母 a，直至某一个与之相差显著的平均数则标以字母 b。再以该标有 b 的平均数为标准，与上方各个比它大的平均数比，凡不显著的也一律标以字母 b；再以标有 b 的最大平均数为标准，与以下各未将标记的平均数比，凡不显著的继续标以字母 b，直至某一个与之相差显著的平均数则标以字母 c……如此重复下去，直至最小的一个平均数有了标记字母为止。这样各平均数间，凡有一个标记相同字母的即为差异不显著，凡有不同标记字母的即为差异显著。在实际应用时，一般以大写字母 A、B、C、… 表示 $\alpha=0.01$ 显著水平，以小写字母 a、b、c、…表示 $\alpha=0.05$ 显著水平。

五、作业及思考题

（一）作业
1.品种比较试验数据的统计分析。
2.撰写品种比较试验总结报告。

（二）思考题
1.品种比较试验设计的原理是什么？
2.进行品种比较试验应注意哪些问题？

（编者：朱立新）

第三部分　新技术性实验

实验33　园艺植物的小孢子培养技术

一、实验目的

了解植物小孢子培养获得植株的原理及小孢子培养技术在遗传育种上的意义;掌握小孢子培养的方法与技术。

二、实验原理

自从发现植物细胞全能性和孢子体细胞间的异质性之后,在无菌操作人工控制条件下,进行单细胞培养,可获得完整的植株。但由于体细胞间的异质性,单细胞系间往往出现较大的性状差异,为选择变异类型提供了一条新途径。由花粉、雌配子培养成单倍体植物只携带原种类、品种的二分之一遗传信息,由于染色体不能配对故不能结籽,通常需要染色体加倍(自然加倍或人工诱导加倍)形成二倍体才能结籽。这种二倍体各基因位点上均为同质,故一般不发生性状分离。

高等植物的生活史中,小孢子是雄配子体发生过程中短暂而重要的阶段。严格定义的小孢子,仅指减数分裂后四分体释放出来的单倍性单核细胞。小孢子培养一般采用游离培养的方式,即游离小孢子培养(isolated microspore culture),它是指不经任何形式的花药预培养,直接从花蕾或花药获取游离状态的小孢子群体进行培养的方法。它是当前植物生物技术领域中最活跃的研究课题之一,不仅因为它的实验体系对于认识细胞全能性、发育遗传机制等重大基础理论问题具有重要价值,而且在作物遗传育种方面,还有许多重要用途。它有许多花药培养无法相比的优点,避免了花药壁和绒毡层等来自体细胞组织对小孢子胚胎发生的干扰和其他不利影响;可诱导小孢子胚胎发生的基因型范围、小孢子胚的产量和稳产性均大大超过花药培养;从开始培养到获得成熟小孢子胚,只需2~3周,大大短于花药培养。小孢子是具有天然分散性的单细胞,数量巨大,易于获取,适宜采用类似微生物的方法进行诱变、筛选或转化处理。小孢子的单倍性,使突变或转化性状在再生植株加倍当代即能纯合表达。游离小孢子培养使植物单细胞水平的遗传操作和单倍体育种体系相结合成为可能。因此,它在遗传育种上有重要的应用价值,一是在常规育种中加速基因型纯合,缩短性状稳定时间和育种周期;二是作为理想的离体诱变和抗性突变体筛选的系统;三是作为理想的转基因受体系统;四是小孢子培养得到的双单倍体是进行 DNA 标记和分子遗传图谱构建的理想材料。

　　该技术目前在芸薹属植物上应用最成功,如白菜类、甘蓝类、油菜类。成功的试验表明:影响小孢子培养的关键环节是小孢子胚状体的诱导。制约小孢子胚状体诱导成功的关键因素有供体植株基因型及生理状态、小孢子发育阶段、小孢子培养的温度(尤其是热激处理)、小孢子密度、培养基成分。小孢子胚再生植株也受内、外两种因素的制约。内因指小孢子胚的质量,子叶期胚具备迅速再生成苗的能力,其他类型胚很难再生成苗。外因包括胚再生植株的培养基成分组成、水分状况、通气状况以及培养的光照和温度条件等。一般而言,只有发育健壮的小孢子子叶期胚才可直接发育为幼苗;大多数小孢子胚需经继代培养,通过二次分化,或在下胚轴上形成次生胚,才能得到小孢子植株。另外,胚培养后常常畸形生长,膨大并玻璃质化,需经多次继代才能得到正常苗。

三、材料及用具

(一)材料

选用不结球白菜或结球白菜或甘蓝的早、中、晚熟品种的开花盛期的正常花蕾。

(二)用具及药品

超净工作台、光照培养箱、显微镜、三角瓶(50 mL、100 mL、150 mL)、培养皿(直径 6 cm)、酒精灯、镊子、解剖针、细菌过滤器、标记笔等;70%酒精、次氯酸钠、无菌纸、脱脂棉及 B_5、MS、NLN 培养基用化学药品。

表 33-1　芸薹属蔬菜游离小孢子培养用培养基组成　　　　　　　mg/L

成分	B_5(洗涤)	NLN	MS	1/2 MS
KNO_3	3 000.0	125.0	1 900	950
$MgSO_4 \cdot 7H_2O$	500.0	125.0	370	185
$Ca(NO_3)_2 \cdot 4H_2O$	—	500.0		
$CaCl_2 \cdot 2H_2O$	150.0	—	440	220
KH_2PO_4		125.0	170	85
$NaH_2PO_4 \cdot H_2O$	150.0			

续表 33-1

成分	B₅(洗涤)	NLN	MS	1/2 MS
$(NH_4)_2SO_4$	134.0	—	—	—
NH_4NO_3	—	—	1 650	825
Fe-EDTA	37.3	37.3	37.3	37.3
$FeSO_4 \cdot 7H_2O$	27.8	27.8	27.8	27.8
$MnSO_4 \cdot 4H_2O$	10.0	22.3	22.3	22.3
H_3BO_4	3.0	6.2	6.2	6.2
$ZnSO_4 \cdot 7H_2O$	2.0	8.6	8.6	8.6
$Na_2MoO_4 \cdot 2H_2O$	0.25	0.25	0.25	0.025
$CuSO_4 \cdot 5H_2O$	0.025	0.025	0.025	0.025
$CoCl_2 \cdot 6H_2O$	0.025	0.025	0.025	0.025
KI	0.75	0.83	0.83	0.83
甘氨酸	—	2.0	2.0	2.0
肌醇	100.0	100.0	100.0	100.0
烟酸	1.0	5.0	5.0	5.0
Pyridoxine HCl	1.0	0.5	0.5	0.5
Thimine HCl	10.0	0.5	5.0	5.0
叶酸	—	0.5	—	—
生物素	—	0.05	—	—
谷胱甘肽	—	30.0	—	—
L-谷氨酰胺	—	800.0	—	—
L-丝氨酸	—	100.0	—	—
蔗糖	130 000.0	100 000.0	20 000	20 000
琼脂粉	—	—	12 000.0	8 000
NAA	—	0.5	—	0.1
6-BA	—	0.05	—	—
pH	5.5	5.0	5.8	5.8

四、实验内容

主要包括培养基配制、游离小孢子的获取、游离小孢子诱导胚状体发生的培养、小孢子胚状体植株再生的培养和小孢子培养结果的统计与分析。

五、方法与步骤

(一)培养基的制备

1. 洗涤培养基制备

洗涤小孢子用培养基为 B$_5$ 液体培养基。具体制备时,根据培养基表中要求的各成分含量,按常规方法配制。采用在 1.0 kg/cm^2 下灭菌 20 min 的方法高压灭菌。

2. 小孢子培养用培养基制备

用 NLN 液体培养基进行小孢子培养。具体制备时根据培养基表中要求的各成分含量配制。采用细菌滤膜器灭菌,不可高压灭菌。

3. 小孢子胚状体诱导植株再生用培养基制备

采用 MS 固体培养基,常规高压灭菌。

4. 小孢子植株生根用培养基

采用 1/2MS 固体培养基,常规高压灭菌。

(二)小孢子悬浮液制备

1. 小孢子发育时期的鉴定

适宜的小孢子发育时期是能否诱导小孢子胚胎发生的关键。一般是单核中期到单核晚期为胚性感受态小孢子,其胚胎发生反应最好。鉴定小孢子发育时期的具体方法是采取不同大小的花蕾,将花药取出,置于载玻片上,轻轻压碎,滴 1 滴醋酸洋红,盖上盖玻片,镜检。如果小孢子绝大多数为单核中期到单核靠边期,该花蕾大小即为适宜取样花蕾,然后对其花蕾大小进行测量或观察花瓣与花药长度之比,以此作为摘取适宜花蕾的形态指标。适宜花蕾大小常因品种以及植株生长状态和生长时期而有所变化。

2. 小孢子悬浮液制备

从供体植株取适宜的花蕾,20~25 个为一组,放入小三角瓶或研钵中,先用 70%酒精消毒 30 s,再用含 2%有效氯的次氯酸钠溶液消毒 15 min,无菌水冲洗 3 次,然后加入 5 mL B$_5$ 液体培养基,用玻璃棒轻轻挤压花蕾,使小孢子充分游离到溶液中。用 50 μm 孔径尼龙网过滤,收集小孢子滤液,在离心机 1 000 r/min 下离心 3 min,待小孢子沉于离心管底部,收集小孢子,再加入 5 mL B$_5$ 培养液,悬浮小孢子。再离心、收集,如此重复 3 次。最后一次离心后,用 NLN 培养液悬浮小孢子。用血球计数板于显微镜下计数,调整小孢子浓度至(1~2)×10^5 个/mL,将小孢子悬浮液分装于 60 mm×15 mm 培养皿中,每皿 2 mL,于适宜条件下培养。

（三）小孢子胚状体诱导培养

将装有小孢子悬浮液的培养皿，首先在 33℃下高温暗培养 24 h（即热激处理），然后转移到 25℃下继续暗培养。一般 1 周左右肉眼可观察到幼胚，3 周左右即可得到子叶期胚。为详细观察胚状体发生过程，可采用生物倒置显微镜随时观察。

（四）小孢子胚状体植株再生的培养

胚状体发育到子叶期时，将培养皿从暗培养转到光培养（光照强度不宜强）48～72 h，待子叶胚变绿时，在无菌条件下，将子叶胚接种在 MS 固体培养基上，在 25℃条件进行植株再生。

（五）小孢子植株生根与移栽

将生长正常的无性系植株，分株系接种到 1/2MS 附加 NAA0.1 mg/L 的生根培养基中。试管苗生根后，逐渐过渡到与外界相同的条件下，去掉三角瓶塞，开瓶 3～7 d 后进行移栽，并加强温、湿度管理。

（六）再生植株倍性鉴定

再生植株倍性鉴定采取植株性状间接鉴定和染色体数目直接鉴定相结合法。染色体数目鉴定采取体细胞和性细胞染色体观察法相结合，具体方法和技术见多倍体诱导与鉴定的实验。

六、实验结果分析

（1）统计小孢子胚胎发生率，分析供体基因型及培养条件对其影响。统计小孢子胚胎发生率时，可先统计每个培养皿中胚状体总数及各类胚状体数，再根据每皿中小孢子总数，换算小孢子胚状体发生率。每个基因型至少统计 5 皿。

（2）统计小孢子胚状体植株再生率，分析各类型胚状体再生植株能力的差异，对每类胚状体至少统计 20 个。

（3）统计小孢子植株自然加倍率，分析自然加倍的原因。

七、作业及思考题

1.通过实验和查阅资料，分析影响小孢子培养成功的关键因子有哪些？

2.拟定一个小孢子培养与突变体筛选或转基因相结合的方案。

3.游离小孢子培养在园艺作物以及农作物上有哪些新进展？你认为存在的问题及有待研究的内容有哪些？

（编者：申书兴）

实验34　园艺植物幼胚挽救技术

一、实验目的

了解胚挽救技术在园艺植物种质资源创新和品种选育上的应用,初步掌握胚挽救技术的基本原理和操作步骤,为今后利用胚挽救技术从事相关科研活动奠定基础。

二、实验原理

胚挽救(embryo rescue)是指对由于营养或生理原因造成的难以播种成苗或在发育早期阶段就败育、退化的胚进行早期分离培养(伊华林等,2001)。胚挽救技术是园艺植物早熟品种选育和无核育种的有效手段之一。植物的胚是一个具有全能性的多细胞结构,由植物通过授粉受精得到的胚,称为合子胚,在正常情况和适宜的条件下可以发育成完整的植株,但是在某些园艺植物中往往很难获得合子胚,如柑橘类品种多数具有多胚性,除了合子胚外,还有由珠心细胞发育形成的珠心胚,而且珠心胚的发育通常比合子胚强,这对有性杂交育种是一个很大的障碍。另外,某些特殊的育种手段,如远缘杂交、二倍体与四倍体杂交、以早熟品种作杂交母本时,获得的合子胚往往在发育的早期阶段就败育或退化,给园艺植物育种带来不利影响。通过胚挽救技术,可以将即将败育或退化的胚取出,在适宜的离体条件下培养,获得再生,从而提高园艺植物育种的效率。

胚挽救技术在园艺植物育种中已经得到广泛的应用。如我国利用胚挽救技术进行早熟桃品种选育,先后培育出春蕾、春花、早花露、早霞露、玫瑰露等品种(梁青等,2006);葡萄上进行无核品种选育时,以无核品种为母本,利用胚挽救技术大大提高了杂交后代的成苗率,提高了育种效率。柑橘上利用四倍体体细胞杂种与二倍体柑橘优良品种杂交,通过胚挽救技术获得三倍体是进行柑橘无籽品种选育的重要途径。目前,已经通过这种途径获得了大量的三倍体柑橘植株(宋健坤等,2005)。

胚挽救的影响因素有很多,首先是培养时期的选择。胚挽救的最佳时期是胚发育程度最高,生活力最强的时候。不同品种的胚挽救适宜时期也不相同,如柑橘上以四倍体为父本与单胚的二倍体类型杂交,授粉后80~90 d是三倍体幼胚最适宜的离体培养时期(伊华林等,1997)。将芦柑和福橘混合花粉授与雪柑,授粉后50 d左右胚囊内仅有一个合子胚,是培养合子胚的最佳时期(陈振光等,1986)。葡萄二倍体与四倍体品种间杂交的胚培养取样时期基本集中在授粉后50～70 d(徐海英等,2005)。其次是培养基和培养条件的选择。如柑橘上多采用 MT 为基本培养基,而无核葡萄胚挽救以 Nitsch 培养基较为理想。除了基本培养基外,不同品种还需要不同的激素浓度组合。培养方法对胚挽救也有很大影响,如无核葡萄胚个体极小,败育前只有4～50个细胞,而且紧裹在胚乳之中难于分离,直接培养非常困难,通常需要经过一段时间的胚珠培养使胚进一步发育才能获得成功,这个过程通常被称为胚珠内胚培养(in-ovule embryo culture)。目前,很多研究者采用胚珠培养与胚萌发和成苗分步进行,将培养一段时间后的胚珠内的胚剥离,再接种在一定培养基上萌发和成苗,胚挽救成苗率获得了明显提高,这种方法是无核葡萄胚挽救育种过程中的一项常规的技术措施。此外,低温处理等其他因素也会影响到胚挽救的成活率。

三、材料及用具

(一)材料

柑橘:取二倍体与四倍体柑橘杂交后80～90 d果实;

葡萄:取无核葡萄品种如无核白、康能无核、金星无核等品种与其他品种授粉后30～50 d果实。

(二)用具及药品

超净工作台、光照培养室、灭菌锅、镊子、手术刀、三角瓶、培养皿、酒精灯、无菌水、无菌纸、70%酒精、次氯酸钠、升汞、MT、Nitsch、1/2 MS 培养基用化学药品及生长调节剂 6-BA、IBA、GA$_3$ 等。

四、实验内容

三倍体柑橘胚挽救;无核葡萄胚挽救。

五、方法与步骤

(一)三倍体柑橘胚挽救

1.培养基的制备

胚诱导培养基:MT＋GA$_3$ 1 mg/L＋蔗糖 40 g/L＋琼脂 6～8 g/L;生芽培养基:MT＋KT 0.5 mg/L＋BA 0.5 mg/L＋ NAA 0.1 mg/L＋蔗糖 30 g/L ＋琼脂6～8 g/L。

生根培养基:1/2MT＋IBA 0.1 mg/L＋NAA 0.5 mg/L＋活性炭 0.5 mg/L＋蔗糖 30 g/L。

以上两种培养基 pH 5.8 左右,121℃高压灭菌 15 min,冷却后备用。

2.果实消毒

柑橘三倍体胚在发育初期容易败育。在授粉后约 3 个月,胚大量败育之前将幼果采回,于 4℃下暂时保存。用清水将果实表面冲洗干净,在超净工作台上将果实表面用 5% NaCLO 消毒至少 20 min,然后用无菌水冲洗 3 遍。

3.幼胚诱导培养

将灭菌的滤纸用无菌水打湿后放于培养皿内,用手术刀沿果实赤道面划开一道口子,勿碰伤种子,将果实掰成两半,用镊子将种子一一挑出,放于培养皿滤纸上,将种皮剥掉,取幼胚,置于胚诱导培养基上培养。1 个月后可以统计幼胚成活率。

4.增殖生芽

诱导培养 2 个月后,将诱导培养基上获得的胚状体或植株转移到生芽培养基上增殖生芽,每月继代 1 次。

5.生根或试管嫁接

将未生根的植株或丛生芽转移到生根培养基上诱导生根。对不能诱导生根的植株可以进行试管嫁接。

6.移栽

自根苗或嫁接苗的移栽在温室中进行,将疏松肥沃的腐殖土进行高压高温灭菌。取生长健壮的自根苗或嫁接苗,将根部的残留培养基洗净,栽入底部带孔的小塑料杯中,上面用同样带孔的小塑料杯罩住保湿。1 个月后,等小苗成活后,转入大营养钵中,定期浇水。小苗在温室中生长 1～2 年后,将长成的大苗移入田间定植。

(二)无核葡萄胚挽救

1.培养基配制

胚珠发育培养基:Nitsch＋6-BA 0.5 mg/L＋IBA 2 mg/L＋GA$_3$ 0.5 mg/L＋6% 蔗糖＋0.6% 琼脂;胚萌发培养基:Nitsch＋ 6-BA 0.5 mg/L＋IBA 1.5 mg/L＋GA$_3$ 0.5 mg/L＋2% 蔗糖＋ 0.6% 琼脂。

胚成苗培养基:1/2MS＋IBA 0.1 mg/L＋2%蔗糖＋0.6%琼脂。

以上两种培养基 pH 5.8 左右,121℃高压灭菌 15 min,冷却后备用。

2.果实消毒

取授粉后 30～50 d 的果实,接种前先用流动水冲洗果粒 5～10 min,置于超净工作台上,用 70% 的酒精浸泡 1 min 后无菌水冲洗 1 次,再用 0.1% 的 HgCl$_2$ 浸泡 6～8 min,无菌水漂洗 3～4 次,消毒后的果粒置于灭过菌的培养皿中。

3.胚珠内胚培养

无菌条件下用镊子和手术刀将消毒后的果粒纵剖,取出胚珠,接种在内装 50 mL 胚珠发育培养基的 150 mL 的三角瓶中,每瓶接种 15～20 枚胚珠,置培养室中培养。培养条件为:温度(25±1)℃,光照强度为 2 000 lx,每天照明 12～14 h。

4.胚萌发培养

胚珠培养 60～70 d 后,无菌条件下纵剖胚珠,解剖镜下检查每个胚珠内胚的发育情况,同时小心地取出发育胚(位于胚珠的喙部,色洁白、有光泽),接种在胚萌发培养基上继续培养。

5.胚成苗培养

胚萌发 1 周后,转入胚成苗培养基中培养,促进其萌发成苗,每个月更换一次新鲜培养基。裸胚接种 3 个月内调查成苗情况,及时记载接种胚珠数、胚发育数和成苗数。

六、实验结果分析

(一)统计柑橘胚挽救的胚萌发率、成苗率和移栽成活率

$$胚萌发率 = \frac{胚萌发数}{接种胚数} \times 100\%$$

$$成苗率 = \frac{成苗数}{胚萌发数} \times 100\%$$

$$移栽成活率 = \frac{移栽成活株数}{移栽株数} \times 100\%$$

(二)统计葡萄胚挽救的胚珠萌发率、胚发育率和成苗率

$$胚珠萌发率 = \frac{发育胚珠数}{接种胚珠数} \times 100\%$$

$$胚发育率 = \frac{胚发育数}{接种胚珠数} \times 100\%$$

$$成苗率 = \frac{成苗数}{接种胚珠数} \times 100\%$$

七、作业及思考题

1. 影响胚挽救的关键因素是什么？如何提高幼胚的成活率？
2. 胚挽救技术在园艺植物上有哪些应用？

（编者：宋健坤）

实验35 园艺植物组织培养获得突变体技术

一、实验目的

了解园艺植物组织培养过程中无性系变异发生的原因、变异的类型，学习园艺植物离体培养诱变与选择突变体的方法，掌握其操作的基本技能。

二、实验原理

离体培养的细胞、愈伤组织以及再生植株均普遍存在着变异。主要原因是，组织培养条件下，培养的材料一般很小，对外部条件的敏感性强，容易受到培养条件的影响；加之脱离了母体组织，为了适应离体环境就会发生一系列的生理生化变化；另外，在母体组织内的分化和生长存在不同步的现象，因此，培养材料经过离体培养再生植株后，常常会产生变异。在组织培养过程中，采取一些提高变异率的措施，如以分化程度较高的组织或细胞作为外植体、在培养基中添加诱变剂、提高植物生长调节剂的浓度、延长继代培养的世代与时间以及培养温度、光照的剧烈变化、辐射处理等，可以得到较高频率的变异。

由于细胞突变体的出现频率很低，必须以特定的方法把它们从正常细胞中分离出来。对突变体的筛选常用的方法有以下 4 种。①直接选择法：对色素异常或形态上有明显变异的细胞，肉眼可以分辨，直接选择。②正选择法：把细胞群体置于某种选择剂或选择条件下，使突变体可以生长，而野生型细胞不能生存而死亡，以达到分离目的的选择方法，抗性突变体的筛选一般采用这种方法。如筛选抗盐的细胞突变体，就在培养基中加入一定浓度的盐。筛选抗除草剂的突变体，就在培养基中加某种除草剂。③负选择法：培养条件只能使野生型细胞生长，而突变的细胞则处于抑制不分裂状态，然后用一种能毒害生长细胞的药物来杀灭正常型细胞，而未处于正常生长状态的突变体保留下来，再转移到满足其生长的培养基上，使突变细胞恢复生长，达到分离的目的。此法通常适用于营养缺陷型和温度敏感型突变体的筛选。④利用分子标记 RFLP、RAPD、AFLP、SSR、SCAR 和分子原位杂交等进行选择。

通过组织培养获得突变体已成为抗逆和品质育种的新领域,并取得了一定的成绩,但该技术也还存在不少有待解决的问题,如适宜诱变剂量的选择、变异方向和性质难以控制、分离和筛选突变体的方法少、突变性状随代数增加而丧失等。

三、材料及用具

(一)材料

苹果、草莓、白菜、茄子等园艺植物的愈伤组织或悬浮细胞系。

(二)用具

超净工作台、高压灭菌锅、三角瓶、封口膜、线绳、手术刀、镊子、培养皿、酒精灯、MS 培养基用的试剂及植物生长调节剂、γ 射线辐射源、甲基磺酸乙酯(EMS)、氯化钠(NaCl)等。

四、实验内容

包括培养基及诱变处理液的配制、选择剂临界浓度的确定、诱变处理和突变体的筛选、鉴定。

五、方法与步骤

(一)选择剂临界浓度的确定

分别配制含不同浓度选择剂的愈伤组织继代培养基。选取继代培养 15～20 d、生长良好的愈伤组织或继代培养 3～5 d、生长良好的悬浮细胞,分别接种于各培养基中。接种 40 d 后观察愈伤组织的存活、生长和增殖情况,根据植株的受害情况确定出对诱变材料进行筛选的适宜选择剂的临界浓度。

(二)突变体的诱导

1. EMS 处理液的配制

(1)配制 0.1 mol/L、pH=7.0 的磷酸缓冲液,高压灭菌。

(2)EMS 原液抽滤灭菌。

(3)在超净工作台上用无菌枪头吸取一定体积抽滤灭菌的 EMS 原液加入到缓冲液中,配成所需浓度的 EMS 处理液。

2. 诱变处理

(1)根据所培养实验材料的要求配制愈伤组织继代培养基。

(2)选择继代培养 15～20 d、生长良好的愈伤组织或继代培养 3～5 d、生长良好的悬浮细胞,有辐射源条件的用一定剂量的 γ 射线照射,接种于愈伤组织继代培养基上。

(3)采用化学诱变,将实验材料放入配好的 EMS 处理液中,浸泡一定时间,用无菌水冲洗干净,接种于愈伤组织继代培养基上,放置培养室培养 2~3 周。

注意:诱变剂的剂量和处理时间应根据具体材料试验确定。

(三)突变体的筛选

1.突变体的筛选

(1)根据所培养实验材料的要求配制含临界浓度选择剂的继代培养基。

(2)将经诱变处理后培养 2~3 周的愈伤组织转入含临界浓度选择剂的继代培养基上培养 3~4 周。

(3)配制愈伤组织继代培养基,转出(2)中的培养物接种到无选择剂的继代培养基上继代增殖培养 1~2 代(3 周 1 代)。

(4)根据所培养实验材料的要求配制含临界浓度选择剂的分化培养基,将(3)中继代增殖的愈伤组织转到含临界浓度选择剂的分化培养基上分化成苗。

2.突变体的鉴定与检测

待植株长到一定大小后,按照常规组织培养程序进行生根、炼苗、移栽。管理应较一般管理精细。在此期间,继续观察记载变异体的生长表现,测定其目标性状的稳定性,进行遗传分析或分子标记鉴定等,筛选出目标突变体,用于进一步的分析研究(观察记载项目可参照一般种质资源的观察记载项目执行,以了解突变体的其他农艺及经济性状是否符合要求)。

六、作业及思考题

(一)作业

1.根据实验过程观察记载的资料,写出突变体选择的实验报告。

2.在查阅资料的基础上,以一种园艺植物为例,设计一个组织培养获得某种突变体的实验方案。

(二)思考题

1.如何提高通过组织培养获得具有利用价值的突变体的频率?

2.对组织培养材料进行诱变时,如何选择合适的诱变材料?

（编者:张学英）

实验36　农杆菌介导的拟南芥遗传转化及纯合体筛选

一、实验目的

了解利用蘸花法进行植物遗传转化的原理,熟悉其技术流程,掌握转基因植株的筛选及结果分析方法。

二、实验原理

农杆菌能在自然条件下趋化性地感染大多数双子叶植物或裸子植物的受伤部位。根癌农杆菌含有 Ti 质粒(Tumor-inducing Plasmid),Ti 质粒上的 T-DNA(Transferred DNA)在 Vir 区(Virulence region)基因产物的介导下可以插入到植物基因组中,诱导在宿主植物中瘤状物的形成。因此,可将外源目的基因插入到 T-DNA 中,借助 Ti 质粒的功能,使目的基因转入宿主植物中完成整合、表达。

三、材料及器具

(一)材料

野生型拟南芥(Col-0)种子、含 pGWB427 质粒(质粒携带目的基因,含植物中的 Kana 抗性筛选标记,质粒图谱见 https://www.addgene.org/74821/)的农杆菌 GV3101。

(二)试剂与培养基配方

1/2MS 1 L(sigma MS Salt-M5524 2.2 g,蔗糖 10 g,琼脂粉 7.5 g);YEB 1 L(牛肉浸膏 5 g,酵母浸膏 1 g,蛋白胨 5 g,MgSO$_4$ • 7H$_2$O 0.493 g);无菌水、无水乙醇、10%次氯酸钠、相应抗生素、MES、SilwetL-77、吐温 20、蔗糖。

(三)仪器与用具

智能光照培养箱、28℃培养箱、冷冻离心机、台式摇床、高压灭菌锅、超纯水系统、紫外分光光度计、pH 计、磁力搅拌器、超净工作台。

无菌塑料方皿(130 mm×130 mm)、微量移液器及枪头、100 mL 三角瓶、1.5 mL 离心管、50 mL 离心管、双面板、离心管架、医用透气性胶带、营养土、蛭石、镊子、拟南芥种植小方盒及托盘、标签、酒精灯、记号笔、打火机、喷壶、剪刀、黑塑料袋。

四、实验内容

主要包括拟南芥无菌苗培养、蘸花转基因技术和转基因植株的筛选。

五、方法与步骤

1. 无菌苗培养

(1)用 75％的乙醇清洗拟南芥种子 1～2 min,无菌水清洗 3 次。

(2)用 2.5％的次氯酸钠、0.1％的吐温 20 混合液对拟南芥种子表面消毒 8～10 min,期间不断搅拌,之后用无菌水清洗 4～6 次。

(3)将消毒的拟南芥种子均匀地播种在 1/2MS 固体培养基上,用医用透气胶带密封,黑暗 4℃春化 3 d,放入光照培养箱内培养(22℃,光照 16 h/黑暗 8 h,光强 8 000 lx),长至 2 片真叶时,移栽至培养土(蛭石:营养土＝3:2)中,置于人工气候室培养(22℃,光照 16 h/黑暗 8 h,光强 8 000 lx),待其生长至花蕾期时备用。

2. 拟南芥蘸花转化

(1)无菌条件下,将保存的携带目的质粒的农杆菌,转移到盛有 5 mL YEB 培养基的 50 mL 离心管中,28℃过夜摇菌(12～16 h)。

(2)取一瓶无菌的液体 YEB 培养基 100 mL,按照活化菌液与液体培养基 YEB 体积比为 1:100 的比例加入上述活化好的农杆菌,28℃培养液 3～5 h,摇菌至 $OD_{600}＝0.8～1.5$。

(3)将上述 100 mL 菌液分装到两个 50 mL 的离心管中,4℃,5000 r/min 离心 10 min,弃上清液,收集菌体。

(4)转化液配制:1 L 1/2MS,蔗糖 50 g/L,MES 0.5 g/L,SilwetL-77 300 μL。

(5)将步骤(3)中的菌体置于上述转化液中,手摇三角瓶悬浮菌体,菌液浓度控制在 $OD_{600}＝0.6～0.7$。

(6)于拟南芥开花现蕾期,剪掉盛开的花朵和角果,用转化菌体悬浮液蘸花蕾,罩上黑塑料袋暗处理 24 h。

3. T_1 代转基因拟南芥的筛选

上述蘸花的拟南芥混收的种子即为 T_1 种子。将 T_1 种子经过次氯酸钠消毒后,播种在含 Kana 100～200 mg 的 1/2MS 固体培养基上,用医用透气胶带密封,黑暗 4℃春化 3 d,放入光照培养箱内培养(22℃,光照 16 h/黑暗 8 h,光强 8 000 lx),1～2 周后挑选生长绿色的拟南芥移栽至培养土中,转到植物生长室培养(22℃,光照 16 h/黑暗 8 h,光强 8 000 lx)。

4. T_2 代单拷贝转基因拟南芥的筛选

T_1 代转基因拟南芥单株收获种子即为 T_2 种子,各单株则是一个株系(Line),各单株(即各株系)分别命名为 T_{2-1}、T_{2-2}、…、T_{2-n},取各个 T_{2-n} 的一小部分种子消毒后,均匀地播种在含 Kana100～200 mg/L 的 1/2MS 固体培养基上,光照培养箱培养 2 周后拟南芥苗中"黄∶绿＝1∶(4～2)"的,则该株是单拷贝,并移栽至培养土中,转到人工气候室培养。

　　5.T_3 代转基因拟南芥纯合体的筛选

　　T_{2-n} 代转基因拟南芥单株收获种子即为 T_3 种子,分别命名为 T_{3-n-1}、T_{3-n-2}、T_{3-n-3}、…、T_{3-n-n}。每株的种子一小部分消毒后播种在含 Kana 100～200 mg 的 1/2MS 固体培养基上,于光照培养箱培养,2 周后,一皿全绿且生长状况良好的即为转基因拟南芥纯合株系。找到 3 个纯合株系即可。转到植物生长室培养,成熟后,收种子备用。

六、思考题

　　1.T_2 种子 1/2MS 上播种后,为什么说拟南芥中"黄∶绿＝1∶(4～2)"的是单拷贝?

　　2.拟南芥蘸花转化前为什么要把盛开的花朵和角果剪掉?

(编者:张菊)

实验 37　园艺植物分子标记辅助选择

一、实验目的

　　了解分子标记辅助选择的特点和分子标记类型,掌握基于单核苷酸多态性(Single Nucleotide Polymorphism,SNP)分子标记辅助选择方法及应用。

二、实验原理

　　选择是育种过程中的重要环节。传统选择方法依据植株的田间表型来判断其性状优劣,但易受环境影响,选择效果差、效率低。分子标记辅助选择(marker-assisted selection,MAS)指通过与目标性状紧密连锁的 DNA 分子标记,对目标性状的基因型直接进行选择的一种育种方法。分子标记辅助选择具有快速、准确、不受环境条件干扰的优点,可作为鉴别亲本亲缘关系、杂交和回交育种中后代的选择、杂种优势的预测及品种纯度鉴定等各个育种环节的辅助手段。

　　分子标记是以个体间遗传物质内核苷酸序列变异为基础的遗传标记,是 DNA 水平上遗传多态性的直接反映。DNA 分子标记大致可分为 3 类:①以电泳技术和分子杂交技术为核心的分子标记技术,包括限制性片段长度多态性 RFLP 等。②以 DNA 聚合酶链式反应为基础的分子标记技术,包括随机扩增多态性 RAPD、AFLP、SSR、STS 和 SCAR 等。③以 DNA 测序为核心的分子标记技术,包括单核苷酸多态性 SNP 标记等。理想的分子标记应满足:①多态性好。②共显性遗传,即可鉴别杂合和纯合基因型。③基因组分布均匀。④检测手段简单、快速。⑤开发成本和使用成本低廉。⑥重复性好。

单核苷酸多态性(Single Nucleotide Polymorphism,SNP),主要是指在基因组水平上由单个核苷酸的变异所引起的 DNA 序列多态性。SNP 标记所表现的多态性主要表现在单个碱基的转换(transition)或颠换(transversion)所引起。SNP 标记不用分析片段的长度,有利于自动化筛选或检测,也有利于对其进行基因分型。随着高通量测序技术和计算生物学的发展,SNP 标记已经成为目前分子标记的主要类型。SNP 检测可用限制性内切酶酶切、质谱、测序、等位基因特异 PCR 等方法。目前常用的方法如 KASP(Kompetitive Allele Specific PCR),即竞争性等位基因特异性 PCR,具有较高的稳定性和准确性。KASP 是基于引物末端碱基的特异匹配来对 SNP 分型,针对目标 SNP 位点的两个等位基因,分别设计两个上游 PCR 荧光标记引物和一个通用下游荧光标记引物,DNA 模板变性后,上游 PCR 引物与模板配对,下游引物与另一条链配对,完成 SNP 位点的识别,引入标签序列,经过 PCR 扩增,荧光探针更多地退火到新合成的、没有淬灭基因的互补链上,与淬灭基因分离,发出荧光,产生荧光信号,相应的信号被检测。

三、材料及用具

(一)材料

植物材料包括性状上存在典型差异的亲本及其 F_2 或 BC_1 遗传分离群体或自然群体。

(二)仪器

研钵、研棒、移液枪、封口膜、离心管、抽滤吸头、一次性注射器、烧杯、锥形瓶、玻璃棒、制冰机、烘箱、离心机、凝胶成像仪、电泳仪、高压灭菌锅、pH 计、核酸浓度测定仪、ABI Step One 荧光定量 PCR 仪或具有基因分型功能的荧光定量 PCR 仪等。

(三)试剂

CTAB 抽提液(取 1 mol/L Tris-HCl 10 mL、0.5 mol/L EDTA 4 mL、NaCl 8.182 g、CTAB 2.0 g,若样品中多糖含量丰富,可加 PVP 3.0 g,将上述成分用蒸馏水溶解后,定容到 100 mL,灭菌后备用,使用前加入 β-巯基乙醇 200 μL)、琼脂

糖、TBE 缓冲液、Taq 酶、无水乙醇、氯仿、异丙醇、基于 SNP 变异设计的与目标性状连锁的引物(LGC 公司)、KASP Master mix High ROX(LGC 公司)。

四、实验内容

主要包括基因组 DNA 的提取、KASP 反应体系和 ABI StepOne PCR 仪检测。

五、方法与步骤

(一)基因组 DNA 的提取

(1)取 1 g 左右大小的新鲜样品叶片放于研钵中,加入液氮研磨成粉状,加入 600 μL 抽提液后转移至 1.5 mL 离心管中。

(2)离心管置于 65℃水浴锅中 30～60 min,每隔 10 min 轻轻摇动一次。

(3)加入氯仿异丙醇(24:1)混合溶液 600 μL,上下颠倒,使两者充分混合均匀。

(4)12 000 r/min 离心 10 min,轻轻吸取上清液转移到新离心管中。

(5)加入预冷的异丙醇,将离心管慢慢地上下摇动 30 s,使异丙醇与水层充分混合至能见到 DNA 絮状物;10 000 r/min 离心 1 min 后,倒掉上清液,注意勿将白色 DNA 沉淀倒出。

(6)加入 500 μL 75％乙醇溶液,将沉淀悬浮,然后 13 000 r/min 离心 5 min,重复该步骤。

(7)将沉淀充分干燥,加入 50 μL TE 溶解沉淀,−20℃下保存。

(8)用核酸测定仪检测 OD_{260}/OD_{280},取 2～4 μg 的 DNA,电泳检测 DNA 完整性。

(二)KASP 反应体系

1. KASP 反应体系

(1)将 96 孔板、模板 DNA、KASP Master mix、KASP Assay mix、无菌水置于冰上溶解。

(2)按表 37-1 依次向无菌的 96 孔板中加入如下成分,轻轻混匀,离心去除气泡。

表 37-1　反应体系

反应组分	Wet DNA method/μL
DNA 模板(10～50 ng)	5
2×KASP Master mix	5
KASP Assay mix 引物	0.14
反应体系总体积	10

2.反应条件

实验所使用的仪器为 ABI StepOne 荧光定量 PCR 仪,反应是一个 Touchdown 的过程,具体反应条件如下:

(1)预变性:94℃,15 min

(2)20 cycles

变性:94℃,20 s

延伸:61～65℃,60 s(drop 0.6℃ per cycle)

(3)26 cycles

变性:94℃,20 s

延伸:55℃,60 s

(三)ABI StepOne PCR 仪检测

(1)ABI StepOne PCR 扩增仪的操作软件,点击'Design Wizard',打开操作界面,选择 KASP 的实验类型,即'Genotyping'。

(2)选择试剂类型为'Other',选 Wet DNA method。

(3)选择 'Standard',将'Pre-PCR Read'和'Amplification'选项都打勾。

(4)设置要检测的 SNP 位点的数量以及所要检测的样品数、重复次数、阴性和阳性对照数。

(5)根据前述反应条件设置反应程序,注意前 10 个循环是一个 Touchdown 的过程,即从第二个循环开始,每个循环降低 0.6℃。

(6)设置阴性对照 Negative Control,所测样品为 Unknown,参考染料为 ROX。

(7)所有程序设置完成后,点击 'Start Run'按钮开始反应。

六、实验结果分析

通过 KASP 检测方法可以区分 3 种 SNP 变异:纯合显性、纯合隐性和杂合显性,通过标准模板得出如图 37-1 结果。其中,黑色为空白对照、红色为等位位点 1 纯合、绿色为杂合、蓝色为等位位点 2 纯合。

根据 KASP 结果,如为遗传分离群体,确定与父本带型一致的单株为父本植株表型,与母本带型一致的单株为母本植株表型,根据性状遗传规律,确定杂合型植株的表型。如为自然群体,则根据与 SNP 连锁的性状判断和选择相关种质。

注意事项:

(1)保证 DNA 模板的质量,要求 DNA 模板中蛋白质、糖及其他杂质含量低。

(2)DNA 模板浓度在 10～50 ng/μL 为宜,如分型效果不理想,可考虑降低模板浓度。

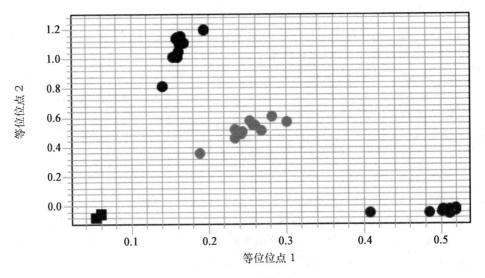

图 37-1　等位基因检测

七、作业及思考题

1. 比较分析几种主要分子标记的类型及特点。

2. 举例说明如何应用 SNP 标记开展分子标记辅助选择。

(编者：杨景华、张明方)

实验38　园艺植物离体快繁与茎尖培养脱毒技术

一、实验目的

本实验以苹果为例,利用未萌芽苹果枝条为试材进行离体快繁,对苹果幼嫩植株采用热处理结合茎尖培养技术脱除苹果三大潜隐性病毒。目的是了解园艺植物离体快繁和茎尖培养脱毒的基本原理,学习园艺植物组织培养快速繁殖育苗与茎尖培养脱毒的方法,掌握其操作的基本技能。

二、实验原理

离体快繁就是利用植物组织培养技术,在适宜的培养基和培养条件下,对其外植体进行离体培养,短期内获得遗传性一致的大量再生植株的方法。与传统的无性繁殖方法比较,离体繁殖具有占用空间少、繁殖速率快、能周年进行、便于种质保存、有利于资源交换、可进行无病毒苗培育等优点。快速繁殖技术通常分为无菌培养物的建立、继代增殖、生根、炼苗移栽 4 个阶段。

多数园艺植物,特别是营养繁殖植物,都易受到一种或一种以上病毒的浸染,其营养繁殖的特性使病毒长期积累导致植物种性退化、产量下降、品质降低甚至死亡,给农业生产造成巨大损失。对于感染病毒病的植株尚无有效治疗方法,应用组织培养技术获得无病毒植株,是目前防治植物病毒病最有效的方法和根本措施。植株感染病毒后,体内病毒的分布并不均匀,越靠近茎顶端的区域,病毒感染率越低,生长点(0.1~1.0 mm 区域)则几乎不含或含病毒很少。因此,以不含病毒或含病毒很少的 0.1~0.5 mm 的茎尖分生组织作为外植体,进行培养,可获得脱毒植株。有些病毒也能侵染植物茎尖分生组织区域,通过对茎尖分生组织培养所用材料进行热处理,即在适宜的恒定高温或变温和一定光照条件下,处理一段时间,可使病毒钝化失活。热处理与茎尖分生组织培养相结合,可以提高脱毒率。以试管苗为材料进行热处理结合茎尖培养脱毒,所用设备简单方便,不受季节限制,可在室内进行,并可利用较少的空间处理较多的材料。

无论采用何种脱毒方法得到的植株,都必须经过严格的病毒检测,证明确实无指定病毒存在,才能在生产上应用。目前,普遍应用的植物病毒检测方法有以下几种:①指示植物法,方法简单,但检测速度慢,灵敏度较低。试管内离体微嫁接法即采用试管嫁接技术进行果树病毒检测,可常年在实验室条件下进行,检测时间大大缩短。②电镜法,通过电镜直接观察、检查出有无病毒存在。电镜法优点是快速直观、灵敏度很高。但所需设备昂贵;制备样品需选取病毒浓度较高的组织;操作者需要一定的病毒形态结构的基础知识和操作技能;电镜检测工作量相对集中,不适合多个样本处理,因此电镜检查法在苹果病毒检测中应用较少。③酶联免疫吸附分析法(ELISA),是将酶标记物同抗原抗体复合物的免疫反应与酶的催化放大作用相结合。具有灵敏度高,简便快速,特异性强等优点。④分子生物学法,通过检测病毒核酸来证实病毒的存在。目前常用的方法包括核酸分子杂交技术、双链 RNA 电泳技术、反转录聚合酶链式反应(RT-PCR)等。RT-PCR 具有特异性好、灵敏度高、可检测复合侵染、操作简便、速度快捷、无放射性危险、可周年检测,适合大规模的样品检测等优点,ASGV、ASPV、ACLSV 这 3 种病毒的序列都已得知,可以制定特异的引物,在苹果潜隐性病毒检测上有广泛的应用前景。

三、材料及用具

（一）材料

离体快繁以带饱满芽的苹果枝条为试材,最好采用春季未萌芽枝条,茎尖培养脱毒以携带病毒的苹果试管苗为试材。

（二）用具及药品

洁净工作台、体式显微镜、冰箱、高压灭菌锅、电磁炉、分析天平、铝锅（或1 000 mL烧杯）、烧杯、量筒、移液管、三角瓶、封口膜、培养皿、解剖刀、手术刀、枪状镊子、酒精灯、pH计（或pH试纸）、线绳、记号笔；MS培养基用的试剂、琼脂、蔗糖、6-BA、NAA、70%酒精、0.1%的$HgCl_2$溶液、无菌水、工业酒精（用于酒精灯）等。

苹果诱导培养基:MS+(0.5～1.0) mg/L 6-BA+0.05 mg/L NAA+30 g/L蔗糖+6.0 g/L琼脂。苹果继代培养基:MS+(0.5～1.0) mg/L 6-BA+(0.05～0.1) mg/L NAA+30 g/L蔗糖+6.0 g/L琼脂。苹果生根培养基:1/2 MS+1.0 mg/L IAA 0+(0.4～0.6) mg/L IBA+20 g/L蔗糖+6.0 g/L琼脂。pH均为5.8。

四、实验内容

主要包括5部分内容:①培养基的配制。②无菌培养物建立。③热处理结合茎尖培养脱毒。④继代培养、生根培养、炼苗移栽。⑤脱毒效果检测。

五、方法与步骤

（一）离体快繁无菌培养物的建立

春季取苹果未萌芽枝条,水培于光照培养箱内（温度25℃）,隔天更换1次清水,芽萌发后取大于1.5 cm的嫩梢,用流水冲洗,将冲洗干净的材料放入三角瓶中。在超净工作台上用70%酒精消毒30 s,然后用0.1% $HgCl_2$溶液消毒处理8 min,再用无菌水冲洗4～5次,切掉变褐损伤部分,接种于诱导培养基上。将接种材料培养在光照培养室内,温度(25±2)℃,光照强度1 500～2 000 lx,光/暗周期12 h/12 h。

（二）继代培养

每30 d继代增殖1次。在无菌条件下,将丛生芽从基部切开,切割为1.5 cm左右的茎段,接种到继代培养基上,每瓶接种5～6个茎段,培养条件同诱导培养。

30～40 d后,可重复继代,直至数量达到要求后,进入生根培养。

（三）生根培养

选生长健壮、长势一致、高度为2～3 cm的健壮的继代苗,接种到生根培养基中,培养条件基本同继代培养。

（四）炼苗移栽

生根培养20 d后,将生根苗移到温室中炼苗,3～5 d后,去掉封口膜,使幼苗与外界接触以适应温室环境。2 d后将组培苗从瓶中取出,用清水将根部残留的培养基冲洗干净待用,注意尽量不要伤根系。将蛭石和草炭(体积比1：1)拌匀后放入营养钵中,添加量为2/3,另1/3用纯蛭石。将冲洗干净的组培苗移栽至营养钵中,移栽后立即用0.1％多菌灵溶液浇透,以杀菌保湿。栽后立即搭塑料小拱棚覆盖,并注意遮阴。以后每3 d喷1次多菌灵溶液,经过2周左右,长出新叶,小拱棚逐渐放风,直至撤除。

待苗长到20 cm以上时,移至室外背阴处或用遮阴网遮阴。3 d后,逐渐加强光照,直至适应露地环境,一般在室外炼苗10～15 d即可。定植前1 d,将营养钵浇透,带基质定植于苗圃。

（五）茎尖培养脱毒

1.热处理

对携带病毒的苹果试管苗,取1 cm新梢接于继代培养基上,置于培养室中预培养5～7 d后,将试材置于光照培养箱,采用38℃光照(8 h)/32℃黑暗(16 h)变温处理。

2.茎尖剥取和培养

热处理40 d后,对存活的试管苗剥取长度为0.5～1 mm茎尖,转接于继代培养基,常规培养。形成丛生芽后,继代培养、生根培养、炼苗移栽过程与离体快繁相同。

（六）脱毒效果检测

1.指示植物法

检测苹果退绿叶斑病毒(ACLSV)可采用苏俄苹果,检测苹果茎痘病毒(ASPV)可采用光辉和SPY227,检测苹果茎沟病毒(ASGV)可采用弗吉尼亚小苹果。

一般采用二重芽嫁接法,于4月中旬定植砧木苗,8月下旬先将待鉴定株的芽片嫁接在砧木的基部,然后再把指示植物芽片嫁接在待鉴定芽片接口上方的砧干上,两芽相距1～2 cm。第二年苗木发芽前,在指示植物接芽的上方约1 cm处剪除砧干。苗木发芽后,摘除鉴定芽的生长点,以促进指示植物接芽的生长。从5月中下旬开始,定期观察指示植物有无病毒病症状出现。

2. RT-PCR 检测

(1)提取待检测苹果脱毒植株的 RNA：在 2 mL 新 RNase-free 的离心管中加入 600 μL 的 RNAiso-mate for Plant Tissue，将植物材料在液氮中迅速研磨成粉末，取约 10 mg 粉末加入离心管中，剧烈振荡至充分混匀，4℃ 12 000 r/min 离心 5 min。小心吸取上清液，转入新的 2 mL 离心管中（约 500 μL）。加入等体积的 RNAiso Plus，振荡混匀，溶液充分乳化后，平放离心管，室温静置 5 min。加入 1/5 体积量的氯仿（约 200 μL），剧烈振荡，室温静置 5 min，4℃ 12 000 r/min，离心 15 min。将上清液（约 500 μL）转至新的 1.5 mL 的离心管中。向上清液中加入等体积的异丙醇，上下颠倒混匀，室温静置 10 min，4℃ 12 000 r/min，离心 10 min，弃上清液。向沉淀中加入 1 mL 75% 乙醇清洗沉淀，4℃ 12000 r/min 离心 5 min。倒出上清液保留沉淀，室温干燥 3～5 min，加入 30 μL 的 RNase-free water 溶解沉淀，待沉淀完全溶解后于−80℃保存或用于后续试验。

(2)引物序列合成：3 种苹果潜隐性病毒引物序列如下。

ASGV：Ph：5′- GCCACTTCTAGGCAGAACTCTTTGAA -3′
　　　　Pc：5′- AACCCCTTTTTGTCCTTCAGTACGAA -3
　　　目的片段长度 273bp。

ACLSV：Ph：5′- GGCAACCCTGGA ACAGA-3′
　　　　Pc：5′- CAGACCCTTATTGAAGTCGAA -3′
　　　目的片段长度 358bp

ASPV：R：5′- CACCCCTCTGTCTGCTTGA -3′
　　　　F：5′- GCCCAATGCCCAGCGGATA -3′
　　　目的片段长度 432bp

(3)反转录体系：在 0.2 mL PCR 反应管中加入如下成分：总 RNA 提取液，1 μL，2×ES Reaction Mix，5 μL，Anchored Oligo(dT)18(0.5 μg /μL)，0.5 μL，EasyScriptTM RT/RI Enzyme Mix，0.5 μL，RNase-free Water，3 μL。总体系 10 μL。

反应程序：42℃ 30 min，85℃变性 5 min，4℃保存。

(4)PCR 检测体系：在 0.2 mL PCR 反应管中加入如下成分：cDNA 3 μL，ASGV-Ph（10 μmol/L）0.5 μL，ASGV-Pc（10 μmol/L）0.5 μL，ACLSV-Ph（10 μmol/L）0.5 μL，ACLSV-Pc（10 μmol/L）0.5 μL，2×ES Taq MasterMix 12.5 μL，RNase-free Water 7.5 μL。总体系 25 μL。

反应程序：预变性 94℃ 2 min；变性 94℃ 30 s，退火 55℃ 30 s，延伸 72℃ 30 s，35 个循环；终延伸 72℃ 5 min，4℃保存。

（5）PCR产物凝胶分析：2％琼脂糖凝胶电泳检测RT-PCR扩增产物。电泳电压150～180V,25～30 min。EB染色后,利用BioRad凝胶成像系统观察有无目的片段,有目的条带即脱毒不成功。

六、作业及思考题

（一）作业

1.每人接种苹果嫩梢30个,剥离热处理后的苹果试管苗茎尖15个,接种后定期观察和继代,描述其生长情况。

2.统计各培养阶段的实验结果并进行分析,包括污染率、诱导率、增殖倍数、生根情况、移栽成活率等。

3.总结实验过程,按规范格式写出实验报告。

（二）思考题

1.苹果离体快繁为什么采用水培休眠枝条萌发的嫩梢作为外植体?

2.简述苹果离体快繁的基本步骤。

3.影响茎尖培养脱毒效果的因素有哪些?

4.如何鉴定茎尖培养形成的试管苗是否带毒?

（编者：张学英）

实验39　利用SSR分子标记鉴定杂交种子纯度技术

一、实验目的

了解SSR分子标记在种子纯度鉴定上的优点及原理,掌握分子标记鉴定种子纯度的方法。

二、实验原理

品种优劣和种子质量是决定品种推广成效的首要条件,其中,种子质量是制约我国与发达国家在某些主要农作物品种竞争力方面的主要因素,种子纯度是评价种子质量的重要指标。传统的种子纯度鉴定方法多借助形态学、细胞学或生物化学的标记完成,但存在周期长、工作量大、鉴定结果易受种植条件影响等缺点。分子标记技术是基于DNA水平的一种快速、准确且高效的种子纯度鉴定方法,不受栽培环境和种植水平的影响。

SSR（Simple Sequence Repeat）标记是一种以特异引物 PCR 为基础的分子标记技术，也称微卫星 DNA（Microsatellite DNA），是一类多由 1～6 个核苷酸为重复单位串联重复成 100 bp 以内大小的 DNA 序列。利用特定引物进行 PCR 扩增，把扩增的 DNA 片段进行凝胶电泳，根据 DNA 条带的多态性来反映模板 DNA 序列的多态性。SSR 是目前应用最为广泛的分子标记技术，呈共显性遗传，能区分纯合与杂合基因型，因此，可用于辨别杂交种子纯度，是较理想的品种纯度鉴定标记，目前已应用于多种园艺植物。

三、材料与用具

（一）材料

园艺植物杂交种及其亲本的种子。

（二）仪器

离心机、冰盒、离心管、PCR 板、移液器、PCR 仪、电泳仪、电泳槽、凝胶成像仪等。

（三）药品与试剂

dNTPs、*Taq* 酶、Buffer（Mg^{2+}）、甲叉双丙烯酰胺、过硫酸铵、丙烯酰胺、琼脂糖、EDTA-$Na_2 \cdot 2H_2O$、Tris、无菌双蒸水、乙醇、冰醋酸、$AgNO_3$、硫代硫酸钠、氢氧化钠、甲醛等。

四、方法与步骤

（一）材料准备

将园艺植物杂交种子及其亲本种子穴盘育苗，培养至 2、3 片真叶时，单株取样，－20℃冻存备用。

（二）基因组 DNA 提取

采用改良 CTAB 法提取基因组 DNA。将嫩叶放入冷冻好的研钵中，在液氮下迅速研成粉末，转入 2 mL 的离心管中，迅速加入 650 μL 预热的 CTAB 提取液，65℃水浴 1 h（每隔 15 min 摇晃 1 次）；冷却至室温后加入等体积（650 μL）的 24：1 的氯仿/异戊醇，颠倒混匀，20℃ 10 000 r/min 离心 10 min；将上清液转入已预冷（－20℃）的盛有 2/3 体积的异丙醇的离心管，－20℃冰箱中放置 2 h 沉淀 DNA；4℃ 10 000 r/min 离心 5 min，去掉上清液，DNA 沉淀于管底；用 75％乙醇洗涤 2～3 次，于超净工作台上风干后加入 100 μL 超净水溶解 DNA，并加入 1 μL RNase 酶消解 RNA，65℃水浴 10 min 后放入 4℃冰箱备用。

（三）PCR 反应

1.引物来源

引物序列主要来源于基因组数据库、重测序信息、文献资料等,由公司合成。

2.PCR 反应体系的准备

将 96 孔 PCR 板、模板 DNA、dNTPs、Buffer（Mg^{2+}）、*Taq* 酶、引物、灭菌双蒸水置于冰上溶解;PCR 反应总体系 10 μL,各组分含量为:50 ng/μL 模板 DNA 1 μL,10×PCR Buffer（Mg^{2+}）1 μL,2.5 mmol/L dNTPs 0.8 μL,50 ng/μL Forward primer 0.5 μL,50 ng/μL Reverse primer 0.5 μL,2.5U/μL *Taq* 酶 0.1 μL,加灭菌双蒸水至 10 μL。

3.PCR 扩增程序

94℃预变性 5 min;94℃变性 1 min,60℃退火 30 s,72℃延伸 45 s,此后每个循环退火温度降低 0.5℃,共计 10 个循环;94℃变性 1 min;55℃退火 30 s,72℃延伸 45 s,25 个循环;72℃延伸 5 min,4℃保存。

4.PCR 产物检测

采用 8％非变性聚丙烯酰胺凝胶电泳进行 PCR 产物分离,方法如下。

（1）玻璃板的准备:用清洗剂将电泳玻璃板洗涤干净,蒸馏水冲洗 1 遍,晾干后水平放置,用蘸有无水乙醇的纱布将玻璃板擦干净,晾干后将处理好的 2 块玻璃板对齐扣在一起,装到橡胶套中。

（2）封口:用 1％的琼脂糖胶封口（10 mL 1×TBE＋0.1 g 琼脂糖）,凝固 20～30 min。

（3）上板:将两对封好的玻璃板装在电泳槽上。

（4）灌胶:配制丙烯酰胺凝胶溶液 50 mL,包括 20％丙烯酰胺 20 mL,10×TBE 5 mL,蒸馏水 25 mL,10％APS 500 μL,TEMED 50 μL,沿凹板上部将胶缓慢灌入 2 块玻璃板之间,此过程中避免出现气泡,插入梳子后凝固 40～60 min。

（5）电泳:待胶凝固好后,在电泳槽的两边及中间均加入 0.5×TBE 电极缓冲液（中间要没过短玻璃板）,拔掉梳子,每个点样孔加入 8 μL 的 PCR 扩增产物。恒压（160 V）电泳 1.5 h 左右。倒出缓冲液,取下玻璃板,将胶取出后准备进行银染。

5.银染

（1）将胶放入盛有乙醇/冰醋酸的固定液（450 mL H_2O＋50 mL 无水乙醇＋2.5 mL 冰醋酸）的容器中,在摇床上轻摇 10 min 左右。

（2）2‰AgNO₃ 溶液（500 mL H_2O＋1 g $AgNO_3$）银染 12 min。

（3）用蒸馏水清洗 1 次,然后再用硫代硫酸钠溶液（500 mL H_2O＋120 μL 1％硫代硫酸钠溶液）洗涤 30 s。

(4)将清洗后的胶迅速放入显色液(500 mL H_2O＋7.5 g NaOH＋1 500 μL 甲醛),轻轻摇动至出现清晰的条带。

(5)将胶放入盛有乙醇/冰醋酸固定液的容器中,轻摇 6 min,固定影像,再用蒸馏水漂洗 1 次。

(6)用保鲜膜将胶包好,室温下自然晾干,采用凝胶成像仪拍照。

五、实验结果分析

(一)SSR 特异引物筛选

根据电泳结果筛选可用于杂交种及其父母本基因分型的特异引物。父母本表现不同的单条带型,杂交种带型表现为双亲互补带型的为共显性标记,用于鉴定杂交种纯度。计算特异引物的筛选效率,公式如下:

$$特异引物筛选效率＝特异引物对数/引物对总数×100\%$$

(二)杂交种子的纯度分析

利用筛选出的特异引物对杂交种子进行 DNA 纯度鉴定,统计真、假杂交种数量,带型表现为父母本互补型的为真杂交种,其他带型为假杂交种,根据统计结果,计算杂交种子纯度,公式如下:

$$种子纯度＝真杂交种种子数/鉴定种子总数×100\%$$

六、作业与思考题

1. 计算 SSR 特异引物的筛选效率？分析影响因素有哪些？

2. 利用分子标记技术鉴定种子纯度的限制因素有哪些？

3. 除了 SSR 分子标记外,还有哪些分子标记常用来鉴定种子纯度？检测效率如何？

(编者:罗双霞)

实验 40　园艺植物的基因编辑技术

一、实验目的

理解基于 CRISPR/Cas9 系统的基因编辑技术的原理,掌握农杆菌侵染植物获得基因组定点突变植株的方法。

二、实验原理

基因编辑技术是利用基因工程改造的人工核酸酶诱导基因组产生 DNA 双链断裂,进而引发细胞自主的修复机制,导致靶序列发生变化(替换、插入或缺失),从而实现高效、精准且稳定遗传的基因组点突变。目前植物中应用较成熟的核酸酶系统有:锌指核酸酶(Zinc finger nucleases,ZFNs)、转录激活子样效应因子核酸酶(Transcription activator-like effector nucleases,TALEN)和成簇规律间隔短回文重复序列(Clustered regularly interspaced short palindromic repeats,CRISPR)/Cas9(CRISPR-associated9)核酸酶。CRISPR/Cas 系统是存在于大多数细菌与所有古生菌中的一种后天免疫系统,以消灭外来质体或者噬菌体。其中 CRISPR/Cas9 是一类以 Cas9 蛋白及导向 RNA 为核心组分的复合体组成。与 ZFNs 或TALEN 技术相比,CRISPR/Cas9 技术具有突变诱导率高、成本低、易于操作及可以多重基因编辑等特点,已成为具有广阔应用前景的作物遗传改良与育种研究的分子操作系统。

三、材料及用具

(一)材料

植物材料有西瓜、番茄或黄瓜等园艺植物种子;农杆菌 EHA105/LBA4404/GV3101、载体 PHSE3(西瓜)、pCAMBIA1301(番茄)或 pRCS(黄瓜)。

(二)用具

超净工作台、大号尖头镊子、剪刀、手术刀、玻璃培养皿、滤纸、封孔膜、一次性塑料培养基、组培瓶、无菌离心管。

(三)药品

药品及培养基配方 以西瓜转化为例,植物组培和转化各阶段培养基见表 40-1。

表 40-1 西瓜遗传转化相关培养基配方

用途	培养基组分	培养时间
无菌苗发芽	MS 盐类+SH Vitamins+3%蔗糖(pH5.8)+0.7%琼脂(基础培养基)	3 d
农杆菌培养	SOC 培养基	16 h
农杆菌侵染	MS 溶液	10 min

续表 40-1

用途	培养基组分	培养时间
共培养	基础培养基＋1.5 mg/L 6-BA	4 d(黑暗)
筛选培养	基础培养基＋1.5 mg/L 6-BA ＋5mg/L 潮霉素＋300mg/L 头孢霉素	4～8 周
生芽培养	基础培养基＋0.1 mg/L 6-BA ＋0.01 mg/L NAA＋5mg/L 潮霉素＋300 mg/L 头孢霉素	2～8 周
生根培养	基础培养基＋1 mg/L IBA	7 d

注:不同材料的最适质粒及农杆菌有所不同,筛选用抗生素也相应有所区别。本表格中所列抗生素适用于西瓜中使用的 EHA105 农杆菌和 PHSE3 载体体系。

四、实验内容

主要包括两部分:①CRISPR/Cas9 载体构建;②农杆菌介导的园艺植物转基因。

五、方法与步骤

(一)CRISPR/Cas9 载体构建

1.寻找合适的含有 PAM 位点的靶序列

直接将目标基因序列输入 CRISPR-P 网站（http://cbi. hzau. edu. cn/cgi-bin/CRISPR）,设计 PAM(Protospacer Adjacent Motif,一般为 NGG)识别序列,可获得末端含有 PAM 的 DNA 序列。一般 1 个基因挑选 2～3 个候选的靶位点。

2.候选靶序列的脱靶预测

将候选的靶位点输入 NCBI 数据库进行 BLAST,确保尽可能少的匹配序列。同时对目标序列进行突变实验预测筛选,如果 PAM 识别序列前端 11 个 bp 存在任何一个碱基与基因组 DNA 不匹配,都将导致 Cas9 系统切割失败。筛选到合适的靶序列后,设计引物扩增包含靶序列的 300～500 bp 片段,测序检验是否发生靶位点突变。

3.载体构建

载体构建具体步骤可参考特定植物 Cas9 质粒构建试剂盒说明书,以 VK005-16 载体试剂盒为例。

(1)根据靶序列设计合成正反互补序列 gRNA 引物 oligo:

Target-Sense:5′-TTG-gRNAsense

Target-Anti：5′-AAC-gRNAanti

（2）oligo 二聚体合成：将第一步合成的 oligo 分别稀释到 10 μmol/L。按表 40-2 比例混合后，95℃ 水浴 3 min 后，缓慢冷却至室温（25℃），再 16℃ 处理 5 min。

（3）oligo 二聚体插入载体：按表 40-3 比例混合体系后，16℃ 反应 2 h。

表 40-2　oligo 二聚体合成体系

反应物	体积
Target-Sense	5 μL
Target-Anti	5 μL
dd H_2O	15 μL
最终体系	25 μL

表 40-3　oligo 二聚体插入载体体系

反应物	体积
Cas9/gRNA Vector	1 μL
oligo 二聚体	1 μL
Solution 1	1 μL
Solution 2	1 μL
dd H_2O	6 μL
最终体系	10 μL

（4）转化与阳性克隆检测：取上一步的最终产物 5～10 μL 加入到刚解冻的 50 μL DH5a 感受态细胞中，轻弹混匀，冰浴 30 min，42℃ 热激 90 s，冰上静置 2 min，然后加入 500 μL 无抗 LB 液体培养基，置于 37℃ 恒温摇床中，170 r/min，复苏 1 h 后涂卡纳抗性（Kana＋）的平板。37℃ 恒温生长数天后，挑选 5 个以上白色菌落摇菌进行测序，剔除假阳性克隆。检测后农杆菌保存于 −80℃ 冰箱中备用。

（二）农杆菌介导的园艺植物转基因

CRISPR/Cas 9 系统的转基因技术基本上与普通转基因技术相似，目前大部分园艺植物转基因采用外植体侵染方法，少数植物可以使用浸花法。另外，同一园艺植物根据材料的基因型不同，导致转基因成功率差异较大。建议正式试验前筛选适合于转基因的基因型。下面以西瓜为例介绍农杆菌侵染转基因技术。

1. 外植体培养

剥掉西瓜种子外壳，20％NaClO 表面消毒 10 min，无菌水冲洗 3～4 次，播种发芽培养基上，于培养箱内 28℃ 黑暗条件下萌发，3 d 后将子叶靠近胚轴端 1/4 部分（不包含胚）在超净工作台上切成 1.5 mm×1.5 mm 的块状体用于遗传转化。

2. 农杆菌准备

将含有目的载体的农杆菌从 −80℃ 冰箱中取出，加不含抗生素的液体培养基进行活化，再用含有抗生素的液体培养基摇菌（28℃，200 r/min）1～2 d。不同农杆菌用的培养基配方如下。

EHA105：SOC 培养＋50 mg/L 卡那霉素＋100 mg/L 链霉素

LBA4404：YEB 培养基＋50 mg/L 卡那霉素＋50 mg/L 利福平＋400 mg/L 链霉素

GV3101:LB 培养基 +50 mg/L 卡那霉素+50 mg/L 利福平

3.转化再生

切成 1.5 mm×1.5 mm 后的外植体浸入菌液中 10 min,取出后于无菌滤纸上吸去多余菌液,接种于共培养基,在黑暗条件下共培养 4 d 后转入选择筛选培养基。在 16 h 光照/8 h 黑暗,28℃条件下筛选 4~8 周后,转入生芽培养基进行芽伸长。待芽长 1.5 cm 高,带有 2~3 片叶片时,转入选择生根培养基,诱导生根。7 d 后待根长出后开培养瓶进行炼苗,待转化苗在开放环境驯化数天后移栽入温室于育苗基质中生长。

六、实验结果分析

(一)转基因再生效率统计

获得转基因植株后,分析单位外植体数可再生植株数,即西瓜转化再生效率。

(二)转基因植株鉴定

在靶区设计约 500 bp 的片段引物,以未转化的植株作对照,提取叶片 DNA 进行 PCR 扩增。对于有脱靶可能性的位点,在可能脱靶位点同样设计引物进行 PCR 检测。对 PCR 产物进行测序验证,检测靶序列是否发生突变。

七、作业及思考题

1.根据实验结果,分析不同位点突变类型,并分析影响编辑效率的因素。

2.思考 CRISPR/Cas9 基因编辑技术与传统转基因技术的相同点和不同点。

(编者:胡仲远、张明方)

实验 41　园艺植物 VIGS 体系构建与功能分析

一、实验目的

了解 VIGS(Virus-Induced Gene Silencing 即病毒诱导基因沉默)技术的基本原理,掌握园艺植物 VIGS 体系构建与功能分析的方法。

二、实验原理

VIGS(病毒诱导基因沉默)是病毒诱导的一种转录后基因沉默(Post-Transcriptional Gene Silencing，PTGS）现象，是植物中普遍存在的天然免疫系统。植物一旦被病毒感染，病毒复制过程中形成的双链 RNAs（dsRNAs）或者类似双链 RNA 的结构，被一种称作 DCL（DICER-LIKE）的蛋白切割成 21～24 nt 的小干扰 RNAs（siRNAs）。这些 siRNAs 组装到一种 RNA 诱导沉默复合物（RNA-induced silencing complex，RISC）上，该复合物在 siRNAs 的指导下与病毒 mRNA 互补配对，以序列特异性的方式对靶标进行剪切，从而保护植物免受病毒的侵染。

　　VIGS 技术是基于病毒诱导的基因沉默机制发展而来，利用携带目标基因 cDNA 片段的重组病毒载体侵染植物组织，随病毒的复制转录，启动 PTGS 程序，特异性诱导植物内同源基因 mRNA 降解，使基因表达或植物表型发生变化，从而鉴定和分析目的基因的功能。VIGS 技术已被开发成为快速、高效、高通量的反向遗传学技术，是植物中进行基因功能分析的一种重要方法。VIGS 技术研究周期短，不需要遗传转化，具有低成本、高通量等优势，已被广泛应用于植物抗病抗逆、生长发育以及代谢调控等相关基因的功能鉴定。现在已经成功运用于番茄、烟草、马铃薯、白菜、芥菜、棉花等多种作物中。常用于 VIGS 技术的病毒有烟草花叶病毒（Tobacco mosaic virus，TMV）、烟草脆裂病毒（Tobacco rattle virus，TRV）、番茄金色花叶病毒（Tomato golden mosaic virus，TGMV）、马铃薯 X 病毒（Potato virus X，PVX）、芜菁黄花叶病毒（Turnip yellow mosaic virus，TYMV）等。本实验中，以芜菁黄花叶病毒为例。通常 VIGS 载体中携带标记基因 PDS（phytoene desaturase，八氢番茄红素脱氢酶），PDS 被抑制后，植株叶片通常表现出白化（黄化）现象，作为 VIGS 系统侵染效果的判断。

三、材料及用具

（一）材料

十字花科白菜、芥菜等园艺植物的种子、芜菁黄花叶病毒载体 pTY-S、pTY-PDS（包含 PDS 基因片段，阳性对照），大肠杆菌 DH5α。

（二）仪器

研钵、移液器、离心管、离心机、振荡仪、金属浴、电泳仪、凝胶成像仪、PCR 仪、q-PCR 仪、培养皿、锥形瓶、绿色碳化硅、洗瓶、吸水纸、恒温摇床等。

（三）试剂

RNA 提取试剂盒、反转录酶试剂盒、Taq 酶、实时荧光定量试剂盒、质粒提取试剂盒、核酸纯化试剂盒、氨苄青霉素、琼脂糖、NaCl，限制性内切酶 SnaB I、Alkaline Phosphatase、T₄ Polynucleotide kinase、T₄ Ligase 等。

四、实验内容

主要包括三部分:VIGS 载体构建及鉴定、植株侵染和目的基因功能分析与鉴定。

五、方法与步骤

(一)VIGS 载体构建及鉴定

1. 寡核苷酸设计

在目标基因 CDS 序列中寻找 5′端以 NTAG、NTAA 或者 NTGA 开头的 40 bp 的寡核苷酸序列,然后在这段序列后加上其反向互补序列组成长度为 80 bp 的自定义寡核苷酸序列并委托公司合成(寡核苷酸序列设计时注意避免 5′端以 GTAG 或者 GTAA 开头,防止形成 SnaBI 限制性内切酶酶切位点)。

2. 重组载体构建

(1)用 SnaBI 限制性内切酶酶切 pTY-S 质粒(pTY-S 为氨苄青霉素抗性),在 37℃的金属浴里过夜(12~14 h)。在微量离心管中配制反应液,总体积 50 μL,反应体系如下:

pTY 质粒	2.5 μg
SnaBⅠ	2.5 μL
SnaBⅠBuffer	5.0 μL
0.1% BSA	5.0 μL
H₂O	up to 50 μL

(2)取 50 μL 中的 10 μL 利用凝胶电泳检验酶切效果,片段大小约为 10 045 bp,同时测定载体的浓度。

(3)用碱性磷酸酶处理(2)中酶切后的 pTY-S 质粒,反应体系如下,在 37℃的金属浴里放置 30 min,利用纯化试剂盒对其进行纯化回收。在微量离心管中配制反应液,总体积 50 μL,反应体系如下:

pTY-S 质粒	5~10 μL
Alkaline Phosphatase Buffer	5 μL
Alkaline Phosphatase	1~2 μL
H₂O	up to 50 μL

(4)用磷酸激酶处理寡核苷酸序列,在 37℃的金属浴里放置 30 min,利用纯化试剂盒对其进行纯化回收。在微量离心管中配制反应液,总体积 50 μL,反应体系如下:

寡核苷酸（自己设计由公司合成）	8 μL
T4 Polynucleotide kinase	1～2 μL
T4 Polynucleotide kinase Buffer	5 μL
ATP	1 μL
H₂O	up to 50 μL

（5）将（3）的 pTY-S 质粒和（4）的寡核苷酸进行连接，在微量离心管中配制下列反应液在 37℃的金属浴里过夜（12～14 h）（注意：载体和寡核苷酸的浓度比最佳为 1：3）。在微量离心管中配制反应液，总体积 20 μL，反应体系如下：

载体（来自步骤 3）	1 μL
寡核苷酸（来自步骤 4）	7 μL
T₄ Ligase	1 μL
T₄ Ligase Buffer	2 μL
H₂O	9 μL

向上述体系中加入 1 μL SnaB I 和 2 μL 的 SnaB I Buffer，37℃金属浴 30 min，提高连接效率，防止载体自连，利用纯化试剂盒对其进行纯化。

纯化回收后的连接产物转化大肠杆菌 DH5α，氨苄青霉素抗性筛选，挑取阳性克隆进行菌液 PCR 验证以及测序验证。测序结果正确的阳性克隆，用于下一步实验。

（二）植株侵染

1.植株准备

在营养钵中播种白菜或芥菜种子，16 h（22℃）昼/8 h（18℃）夜，环境湿度为 60% 左右。三叶一心时侵染植物叶片。侵染前浇足水对植株进行 16～24 h 的暗处理。

2.接种（侵染）

侵染时每棵植株大约用 3 μg 的对应质粒，侵染前将少量的绿色碳化硅均匀撒在植物的两片叶子上，随后用移液枪吸取适量的质粒溶液滴在植物叶片上，并轻轻地来回摩擦 3～4 次，1～2 min 后，用纯净水冲洗摩擦过的部位 15 s，并用吸水纸将多余的水分吸干净。接种后在黑暗条件下生长 12 h 后再将植株放回正常的生长环境。

侵染 2 周后再重复侵染 1 次，具体操作同上。

（三）目的基因表达检测

植株 VIGS 鉴定在接种 3 周后，取上部未侵染的新生叶片，利用 RT-PCR 或者 qRT-PCR 的方法对目标基因的表达情况进行检测。对目的基因表达表现为下调的植株进行表型观察以及必要的生理和生化指标测定。

六、实验结果分析

（一）VIGS 介导的系统侵染

观察植株叶片白化现象,根据叶片白化程度判断 VIGS 系统侵染程度,如叶片出现均匀白化(黄化)现象,表明 VIGS 载体表现出系统侵染,可用于后续功能基因表达和表型鉴定分析。

（二）VIGS 介导的目的基因表达分析

提取植株总 RNA,利用 RT-PCR 或者 qRT-PCR 的方法对目标基因的表达情况进行检测。分析 VIGS 介导的目的基因下调表达情况。

（三）基因功能分析

根据侵染植株的表型变化或者综合生理、生化指标,对目的基因的功能进行分析。

七、作业及思考题

1.分析 VIGS 技术的优缺点。

2.分析影响 VIGS 技术的因素。

（编者:杨景华、张明方）

参 考 文 献

［1］曹家树，申书兴.园艺植物育种学.北京:中国农业大学出版社,2001.

［2］陈德海，徐虹,连玉武.现代植物生物学实验.北京:科学出版社,2005.

［3］巩振辉.植物育种学.北京:中国农业出版社,2008.

［4］巩振辉.园艺植物生物技术.北京:科学出版社,2009.

［5］郭仰东.植物细胞组织培养实验教程.北京:中国农业大学出版社,2009.

［6］国际种子检验协会(ISTA).1996 国际种子检验规程.北京:中国农业出版社, 1999.

［7］韩振海，陈昆松.实验园艺学.北京:高等教育出版社,2006.

［8］胡桂兵.园艺植物生物技术实验指导.北京:中国农业出版社,2010.

［9］Ahammed G J and Yu J. Plant hormones under challenging environmental factors, Springer Netherlands，2016.

［10］景士西.园艺植物育种学总论.2 版.北京:中国农业出版社,2007.

［11］Barrangou R and van der Oost J. CRISPR-Cas Systems，Springer Berlin Heidelberg，2013.

［12］李加纳.数量遗传学概论.重庆:西南师范大学出版社,1995.

［13］李树德.中国主要蔬菜抗病育种进展.北京:科学出版社,1995.

［14］梁玉堂.种苗学.北京.中国林业出版社,1995.

［15］林顺权.园艺植物生物技术.北京:中国农业出版社,2007.

［16］刘来福,毛盛贤,黄远樟.作物数量遗传.北京:农业出版社,1984.

［17］裴新澍.数理遗传与育种.上海:上海科学技术出版社,1987.

［18］申书兴.园艺植物育种学实验指导.2 版.北京:中国农业大学出版社,2011.

［19］申书兴.蔬菜制种可学可做.北京:中国农业出版社,2001.

［20］沈德绪.果树育种学.北京:农业出版社,1992.

［21］沈德绪.果树育种实验技术.北京:中国农业出版社,1996.

［22］孙敬三,桂耀林.植物细胞工程实验技术.北京:化学工业出版社,2006.

［23］王蒂.植物组织培养实验指导.北京:中国农业出版社,2008.

［24］王小佳.蔬菜育种学(各论).北京:中国农业出版社,2000.

［25］魏毓棠.蔬菜育种技术.北京:中国农业出版社,1997.

［26］西南农业大学.蔬菜育种学.2 版.北京:农业出版社,1988.

［27］郗荣庭.果树栽培学总论.3 版.北京:中国农业大学出版社,1997.

［28］颜启传.种子检验原理和技术.杭州:浙江大学出版社,2001.

［29］张献龙.植物生物技术.北京:科学出版社,2015.

［30］周长久.蔬菜种质资源概论.北京:北京农业大学出版社,1995.

［31］蔡俊迈,陈银辉.第三讲配合力分析Ⅱ.不完全双列杂交等(上).福建农业科技,1988(04):29-31.

［32］曹鸣庆,刘凡.芸薹属蔬菜游离小孢子培养研究进展,园艺学年评,1996,2:63-90.

［33］Chandrasekaran J,Brumin M,Wolf D,et al. Development of broad virus resistance in non-transgenic cucumber using CRISPR/Cas9 technology. Molecular Plant Pathology, 2016, 17:1140-1153.

［34］陈振光,王家福.柑橘合子胚早期离体培养获得植株.福建农业大学学报,1986,15(4):271-276.

［35］顾兴芳,张圣平,徐彩清,等.黄瓜雌性系诱雄方法研究.北方园艺,2003(5):41.

［36］HeC, HolmeJ, AnthonyJ. SNP genotyping : the KASP assay. Methods in Molecular Biology, 2014,1145:75.

［37］焦玲,赵颖,李丽萍.现代苗木质量评价的生理指标.内蒙古林业科技,2003,1:40-44.

［38］Logemann E, Birkenbihl R P, Ülker B, et al. An improved method for preparing Agrobacterium cells that simplifies the Arabidopsis transformation protocol. Plant Methods, 2006, 2(1):16.

［39］李合新.种子水分及其检验应注意的技术问题.中国种业,2006(3):12.

［40］李玉莲,张亚楠,王子奕.评价出圃苗木质量的几个指标.林业科技,2007,32(4):21-22.

［41］梁青,陈学森,刘文,等.胚抢救在果树育种上的研究及应用.园艺学报,2006,33(2):445-452.

［42］刘玲,孟淑春.2012 版《国际种子检验规程》修订通报.核农学报,2012,26(5):762-763.

［43］刘晓妹,刘文波,蒲金基,等.杧果对细菌性黑斑病抗病性测定.果树学报,2009,26(3):349-352.

［44］罗德旭,巩振辉,李大伟.辣椒疫病抗病性分子鉴定技术研究,西北农业学报,2008,17(5):76-80.

［45］吕国梁.生态节约型园林工程苗木质量评价体系研究.中南林业科技大学学报,2015,35(8):107-114.

［46］Nakagawa T,Suzuki T,Murata S,et al. Improved Gateway binary vectors:high-performance vectors for creation of fusion constructs in transgenic analysis of plants. Biosci Biotechnol Biochem,2007,71(8):2095-2100.

［47］Pan C,Ye L,Qin L,et al. CRISPR/Cas9-mediated efficient and heritable targeted mutagenesis in tomato plants in the first and later generations. Scientific. Reports,2017,7:46916.

［48］Pflieger S,Blanchet S,Camborde L,et al. Efficient virus-induced gene silencing in Arabidopsis using a 'one-step' TYMV-derived vector. Plant Journal,2008,56:678-690.

［49］齐雯雯,宫晓琳,王洋,等.蘸花法在植物遗传转化上的应用研究进展.现代农业科技,2014(24):9-10.

［50］钱芝龙,袁彩尧,孙洁波,等.辣椒苗期抗 CMV 和 TMV 鉴定与田间成株抗病性相关分析.北方园艺,2000(4):36-38.

［51］乔雪华.八棱海棠种子中苹果潜隐性病毒的分布特征及脱除技术研究.保定:河北农业大学,2013.

［52］Shiono K,Ando M,Nishiuchi S,et al. RCN1/OsABCG5,an ATP-binding cassette(ABC)transporter,is required for hypodermal suberization of roots in rice(Oryza sativa). Plant Journal,2014,80:40-51.

［53］申书兴,赵前程,刘世雄,等.四倍体大白菜小孢子植株的获得与倍性鉴定,园艺学报,1999,26(4):232-237.

［54］申书兴,梁会芬,张成合,等.提高大白菜小孢子胚胎发生及植株获得率的几个因素研究,河北农业大学学报,1999,22(4):65-68.

［55］宋健坤,郭文武,伊华林,等.以异源四倍体体细胞杂种为父本与二倍体杂交创造柑橘三倍体的研究.园艺学报,2005,32(4):594-598.

［56］宋景平.数量遗传育种中配合力效应测定方法的改进.景德镇高专学报,1994(2):10-17.

［57］Tian S,Jiang L,Gao Q,et al. Efficient CRISPR/Cas9-based gene knockout in watermelon. Plant Cell Reports. 2017,36(3):399-406.

［58］王晓敏,巩振辉,逯红栋,等.辣椒疫霉菌孢子诱导技术研究.西北农业学报,2006,15(2):59-62.

［59］王迎春.我国现行农作物种子水分测定方法的改进.闽西职业大学学报,2002

（3）:58-59.

［60］邢娟,李志邈,杨悦俭,等.番茄青枯病病菌生化型测定及其 3 种抗病性鉴定方法的比较.浙江农业科学,2009(1):141-143.

［61］徐海英,闫爱玲,张国军.葡萄二倍体与四倍体品种间杂交胚挽救取样时期的确定.中国农业科学,2005,38(3):629-633.

［62］伊华林,邓秀新,付春华.胚抢救技术在果树上的应用.果树学报,2001,18(4):224-228.

［63］伊华林,邓秀新,史永忠,等.三倍体柑橘幼胚离体培养研究.园艺学报,1997,24(3):289-290.

［64］伊凯,闫忠业,刘志,等.苹果芽变选种鉴定及应用研究.果树学报,2006,23(5):745-749.

［65］张淑霞,崔健,宋云云,等.配合力在作物育种上的应用.现代农业科技,2007(11):94-95.

［66］张兴平.生物技术在西瓜甜瓜遗传改良中的应用,园艺学年评,1996,2:107-130.